性格心理学

张丰◎著

——如何成为一个有趣的人——

台海出版社

图书在版编目(CIP)数据

性格心理学 / 张丰著. — 北京：台海出版社，2017.7

ISBN 978-7-5168-1479-6

Ⅰ.①性… Ⅱ.①张… Ⅲ.①个性心理学–通俗读物 Ⅳ.①B848-49

中国版本图书馆 CIP 数据核字(2017)第 164186号

性格心理学

著　者	张　丰
责任编辑	王　萍　赵旭雯
装帧设计	芒　果 版式设计：通联图文
责任校对	化莹莹 责任印制：蔡　旭

出版发行：台海出版社

地　　址：北京市东城区景山东街 20 号　　邮政编码：100009

电　　话：010-64041652(发行，邮购)

传　　真：010-84045799(总编室)

网　　址：www.taimeng.org.cn/thcbs/default.htm

E - mail：thcbs@126.com

经　　销：全国各地新华书店

印　　刷：北京鑫瑞兴印刷有限公司

本书如有破损、缺页、装订错误，请与本社联系调换

开　　本：710mm×1000 mm　　　　1/16

字　　数：183 千字　　　　印　　张：14

版　　次：2017 年 8 月第 1 版　　印　　次：2017 年 8 月第 1 次印刷

书　　号：ISBN 978-7-5168-1479-6

定　　价：38.00 元

前　言

Preface

一

1998年5月，华盛顿大学有幸请来世界巨富沃伦巴菲特和比尔·盖茨演讲，当学生们问道："你们怎么变得比上帝还富有？"这一有趣的问题时，巴菲特说："这个问题非常简单，原因不在智商。为什么聪明人会做一些阻碍自己发挥全部能力的事情呢？原因在于习惯、性格和脾气。"盖茨对此也表示赞同。

中国有句古话："积行成习，积习成性，积性成命。"西方也有名言："播下一个行为，收获一种习惯；播下一种习惯，收获一种性格；播下一种性格，收获一种命运。"由此可见，无论是西方还是东方，对性格形成的看法都是一样的。

那么，什么是性格呢？

性格是指一个人在现实的态度和行为方式中比较稳定的、具有核心意义的个性心理特征。它表现一个人的品德，它是一种与社会相关最密切的人格特征，在性格中包含有许多社会道德含义。

在心理学上，一直有九型人格的说法，或称为性格型态学、九种性格。它不仅仅是一种精妙的性格分析工具，更主要的是为个人修养与自我提升、历练提供深入的洞察方法，与当今其他性格分类方法不同，九型性格揭示了人们内在最深层的价值观和注意力焦点，它不受表面的外在行为的变化所影响。

前言
■

九型性格具体分类如下：

第一型性格：理想崇高者、完美主义者：完美者、改进型、捍卫原则型、秩序大使。

第二型性格：古道热肠者、热心助人者：成就他人者、助人型、博爱型、爱心大使。

第三型性格：成就追求者、成就至上者：成就者、实践型、成就型。

第四型性格：个人风格者、浪漫悲悯者、艺术型：浪漫者、艺术型、自我型。

第五型性格：博学多闻者、格物致知型：观察者、观察型、理智型。

第六型性格：谨慎忠诚者：寻求安全者、谨慎型、忠诚型。

第七型性格：勇于尝新者、享乐主义者：创造可能者、活跃型、享乐型。

第八型性格：天生领导者：挑战者、权威型、领袖。

第九型性格：向往和平者、和平主义者：维持和谐者、和平型、平淡型。

这九型性格，各自有好坏之分，能够最直接地反映出一个人的道德风貌，也决定了你的受欢迎程度。

经常听到有人说："这个人性格不好，所以……"之类的话，可见，从心理学上认识自己的性格，并纠正自己的性格弱点，是每个人成长的第一步。

二

那么，所谓的"好性格"到底是什么样的呢？

比如，对自己尊重，对别人友善，对集体关怀，对社会奉献，以及微笑包容他人的错误，以开心抚平他人创伤。

该坚强时不多愁善感，该放下时不固执前行……但是，事实上我们都是普通人，我们每个人都做不到"十全十美"。

性格心理学家大多数认为，幽默开朗、热爱生活，是好性格的第一要素。一个人可以没有好的物质基础和社会地位，但一定不能没有快乐和对生活的热情，而后者才是人生更终极的目标。

三

一个人有属于自己的性格，无论哪一种性格，都可以成为一个"有趣"的人。

生活是朝九晚五，疲于奔命，而有趣是对生活的一种热爱、一种投入，对困难的一种豁达。如果你在工作中干什么都受气，看谁也不爽，仿佛天下间除了自己其余都是笨蛋，那么请你相信，一定是你自己出了问题。

既然你想要成为一个有趣的人，那你就不能把"有趣"变成一个形而上的名词，你必须让这个词"落地"。

那么，怎么"落地"呢？

最简单的，有趣就是要能让别人开心。这就成了一门技术，而掌握一门技术必然是无聊的、无趣的，需要反复练习和钻研的。

你只要打开本书，在生活中反复进行这样的练习，你就能慢慢成为一个能让人觉得开心的人了——能让人觉得开心、好玩，是做一个"有趣"的人的最基本条件。而拥有"有趣"的性格，会使得他人情不自禁地亲近你、喜欢你，"有趣"将成为你获得成功的有利条件！

目　录

Contents

上　别怕，我是自我认知心理学

目　录

中　别笑，我是超有趣的心理学

目
录
■

下　别激动，我是逆袭心理学

目录

上

别怕，我是自我认知心理学

◇

第 一 章

◇

性格缺陷：推倒自我束缚之墙

❖ 强迫症：不需要完美得可怕

你是否会出现下面这些状况？

出差去机场的路上，总觉得机票忘带了，反复开包检查；

开会时总觉得手机在响，不停地看手机；

上班停好车，走进办公室，总是担心车门没锁好；

出门反复锁自己的抽屉，生怕抽屉没锁好；

……

如果有以上这些症状之一，那么，你可能已经患上强迫症了。

强迫型人格障碍是一种性格障碍，主要特征是苛求完美。

45岁的刘女士是一家企业的会计，工作认真、出色，20多年来没出过差错。前段时间，企业的一名员工从她那里领取5000元现金，她反复数了7遍，递给对方之后，反复地交代"你再数数，看够不够"。对方走了之后，她又打电话问有没有错，甚至追到那个人的办公室，反复问："我没有多数给你吧？""没错吧？"之类的话。

不仅如此，她还经常反复回忆一天的工作情景，只要一闲下来就回想每件事的经过，有时能反复想三五遍，弄得她失眠、疲惫，办事效率明显下降。这样的情况一直持续着，以致到最后无法正常工作，只好请假回家休息。

刘女士是一个事事追求完美、细心、谨慎的人，加上工作压力大，害怕出错，很自然地就成了这样一个患强迫症的人。

强迫症症状主要有下面两种表现。

（1）强迫观念

强迫观念指在患者脑中反复出现的某一概念或相同内容的思维，明知没有必要，但又无法摆脱。表现为反复回忆、反复思索无意义的问题、脑中总是出现一些对立的思想、反复对高层建筑物的层数进行强迫性计数、总是怀疑自己的行动是否正确（强迫性怀疑）。

（2）强迫行为

强迫行为是指患者反复做一些没有必要的行为，如反复检查、反复计数以及仪式性动作等。患者明知反复的强迫行为不对，但无法控制，因为一旦控制不做，立刻就会出现紧张、心慌等严重的焦虑表现。为了避免焦虑的折磨，患者只好顺应强迫，去想去做。这个特点称之为有意识的自我强迫和反强迫。

一般来说，有强迫型人格障碍的人的道德观念较强，对自己要求严格，追求完美，同时又有些墨守成规。他们谨小慎微，因为过分重视事物的细节而忽视全局；优柔寡断，面临意外而不知所措。由于行为表现过度认真、拘谨和执拗，缺少灵活性，也由于过度自我关注、自律和刻板，因此他们很少有自由悠闲的心境，缺乏随遇而安的潇洒，长期处于紧张和焦虑状态。

强迫症有多种治疗方式，一般从把握住患者的心理入手，使患者认识或明确意识到自身的症状。

更为重要的是患者要学会自我矫正。首先要消除误解，树立信心。强迫症属于轻度的精神障碍，不会发展成重度精神病。

其次要意志控制，转移注意力。坚持正常的学习和工作，使生活节奏紧凑有序，同时培养广泛的兴趣爱好，通过社交及文体活动，分散和转移对症状的关注。

再次是臆想暴露，思维中止。通过想象"要发生"什么，反复体验并最终意识到自己夸大危险和过度担心是不必要的。通过有兴趣的活动或放松训练等随时阻断自己的强制性思维。

❖ 依赖型：人总要学着自己长大

在生活中，我们常常会遇到这样一类人，他们在精神上缺乏自主性，总是依赖于父母、配偶或朋友，他们很难自己做出选择和决定，需要别人示范、指导或赞美。如果身边没有依靠，便会感到焦虑或恐慌。严重缺乏自信，十分在意别人的评价，有极强的从众心理，人云亦云，盲目模仿。他们往往工作能力较强、能够很好地完成上级分配给自己的任务，但前提条件是要得到比较明确的指示。假如有什么事情要让他们自己来拿主意，就会变得犹豫不决，左右为难。他们严重缺乏判断力，无法决定下一步的行动方向。

在心理学上，我们把这一类人的性格缺陷称之为"依赖型人格障碍"。

依赖型人格障碍是一种最常见的性格缺陷。患有依赖性人格障碍的人，大多是在童年早期依赖需求得不到满足，从而导致成年后还保留一种孩童期的依赖心理，以至于使自己停留在"心理哺乳期"，有的人甚至处于"终身心理哺乳"状态。人们常常称这种现象为"幼稚""长不大"等。

在幼年时期，儿童离开了父母就无法生存。在儿童眼里，父母是万能的，父母保护他、养育他、满足他的一切需要，他必须依赖他们，总怕失去了这个依靠。如果此时的父母过分溺爱孩子，鼓励子女的这种依赖行为，不给他们创造独立和自主的环境，这样下去，在子女的心目中就会逐渐产生对父母或权威的依赖心理，成年以后依然无法独立生活。缺乏自信心，总是依靠他人来做决定，终身不能负担起选择采纳各项任务、工作的责任，形成依赖型人格。

依赖型人格障碍是日常生活中较常见的人格障碍。具体来说，依赖型人格障碍的特征定义主要有以下几点。

（1）缺乏独立性，很难单独展开计划或做事。

（2）容忍过度，做自己不愿做的事，放低自己来讨好别人。

（3）如果他人没有为其提供大量的建议和保证，便不能对日常事物做出决策。

（4）遇到重要决定时，总是寻求他人帮助。如职业选择，生活方式等。

（5）如果没有得到赞许或遭到批评，内心十分失落。

（6）就算是他人做错了，也会随声附和，因为害怕被别人遗弃。

（7）当亲密的关系中止时感到无助或崩溃。

（8）时常被遭人遗弃的念头所折磨。

（9）一个人的时候，会感到不适和无助，并竭尽全力逃避孤独。

如果同时满足上述特征中的5项，即可诊断为依赖型人格障碍。

当然，我们需要区分病态的依赖和正常的依赖。

每个人都有依赖的需求和渴望，都希望有更强大、更有力的人帮助自己。不管我们看起来多么强壮，也不管我们看起来多坚强，但从内心深处，我们都曾希望有个人可以依赖。不管年龄大小，无论成熟与否，我们都希望父母能陪伴左右。这样的感觉是合理的，因为这种渴望不会控制我们的生活。但如果这种思想控制了我们的一言一行，控制了我们的一切感受和需要，那它就不再是一种简单的渴望了，而是变成了一种过分依赖的心理问题。这种过分依赖心理会引起心理失调，心理研究者称其为"消极性依赖人格失调"，这种心理症状是所有心理失调现象中最常见的一种。

当然，患上依赖型人格障碍并不可怕，患者可以采用如下方法进行心理矫正。

(1) 改变自己的日常行为习惯

反省一下自己的行为习惯，清楚自己在哪些方面习惯性地依赖他人去做，哪些是自己做决定的。可以每天做一次记录，记录10天，然后将这些事件按自主意识强、一般、较差分为三个级别，每10天做一次小结。

(2) 找一个监督者

想消除依赖行为并不容易。如果依赖成为一种习惯，你会发现要做每个决定都变得那么艰难，你可能会不知不觉地又走到老路上去。所以，要想改变这种状况，你需要找一个自己最依赖的人作为自己的监督者。

（3）重新认识自己

找到根源所在。患有依赖型人格障碍的人缺乏自信，自主意识较低。他们形成这种性格，是因为童年期没有受到正确的教育，心中留有自卑的印痕。依赖型人格障碍患者可以回忆童年时期，回想自己的父母、长辈或朋友对自己说过的具有消极影响的话，把这些记忆整理出来，明白自己依赖心理的根源所在。

找回自信。锻炼自己，找一些略带冒险性的事情去做，每10天做一项。比如，独自一人去参加一些公共活动，在公共场合当众发言。通过这样的锻炼，可以慢慢找回自信，从而改变凡事都依赖他人的性格缺陷。

❖ 领导型："别将"权力规则"带回家

一个人的关系可以分成两部分：个人领域和社会领域。

个人领域包括配偶、亲人、知己，最典型的是家；社会领域包括同事、同学、同乡等，最典型的是工作。

工作中的规则是权力，其运作机制是竞争与合作、控制与征服。家中的规则是珍惜，能抵达珍惜的途径是理解和接受。

如果不明白工作与家的分界，而将权力规则带回家，那就形成一种"权力的污染"，会引出很多问题。并且，这种污染在现代社会很容易发生。

生活中的领导型的人很容易忽视珍惜的规则，而只在乎权力规则，将其视为解开人生的主要的甚至是唯一的一把钥匙。

在某种程度上讲，娴熟地掌握并果断地使用权力规则会让一个人在成功的路上奔跑得更加迅速，但一旦它渗透到一个人的个人领域，那势必会让这个人付出代价——他的亲密关系必然会变得一塌糊涂。

所以，领导型的人如果珍惜家，就不要把权力规则带回家。

把权力规则带回家主要包括以下几种。

（1）以为家里的规则和工作规则是一回事，而在家中有意使用权力规则。

（2）知道两者不一样，但不懂家的规则。

（3）彻底抛弃家的规则。

（4）习惯了权力规则，在家中放不下，就像是权力强迫症。

马欣今年43岁，她在广州有一家房地产公司。她的丈夫刘辉今年45岁，经营着一家科研公司，15岁的儿子刘磊聪明伶俐，在读高中，学习成绩非常优秀。

刘辉是谦谦君子，做学问没问题，但做生意就不太顺手。前年，他经营的公司即将要破产了，两口子一合计，决定将两家公司合并。

公司合并后，刘辉做正总，马欣做副总，但真正经营公司的还是马欣。公司很快有了起色，一年后就成为业内数一数二的企业。

就在这个时候，两口子的家庭战争到达了顶峰，刘辉几次大发雷霆，对着马欣歇斯底里地吼叫："这公司是我的，你给我滚！"

马欣说，她知道丈夫之所以这样，是因为她让他显得"很窝囊"。"但他有本事就改变一下窝囊的形象啊！"马欣说，"每次一回到家，他就钻进书房谁都不理。家里这样就算了，但在公司他还是这样。堂堂的总经理，总是躲在办公室里，不和人说话，不出来应酬。没出息，要不是我打理一切，公司早垮了。"

但是，刘辉对家庭冲突有不同的说法。他在描述对家的感觉时，只有一个字——冷。

他承认，妻子很能干，把家里一切都打点得很好。但他并不高兴，相反觉得很窝火。

家务是妻子说了算，儿子教育也是妻子说了算，他什么都辩不过妻子，最后干脆一回家就把自己关在书房里："这是我在家中能自己说了算的唯一一块地盘。"

"家庭之外一开始倒没问题，毕竟工作是我唯一的舞台，但公司合并后，这个舞台也被她占领了。"

两人常就公司业务进行争论，每次的结果都是马欣强行接管一切，和客户联系，打点社会关系，指挥下属，运营整个公司。

刘辉说，妻子这么能干，他一方面很钦佩，另一方面让他觉得很难受。"就像在家里的感觉一样。"刘辉说，"什么都不需要我，妻子一眨眼把什么都处理好了，这让我觉得自己一点儿价值都没有。"

刘辉多次向妻子表达过这种感觉。一开始，马欣会注意一下，但很快又忍不住"把一切都搞定了"。最后，刘辉就只能用歇斯底里的吼叫这种方式向妻子表达自己愤怒。

家是温馨的港湾，夫妻之间互相理解并接受彼此是最重要的，利益退居其次，而马欣想当然地用工作中处理利益的方法来处理家里的问题，结果引出了一系列问题。

公司中需要强有力的领导，只要领导能带来利益就是好领导，但家中需要的是爱，是理解与接受，马欣将自己不自觉地摆在"家庭领导"的位置上，控制丈夫的生活，为他安排好一切，这显然是将权力规则带回了家。

胡勇是北方人，40岁，妻子小芸只有23岁。但结婚3个月后，小芸就开始闹离婚了。

胡勇很爱小芸。她3年前来广州打工时，他就认识了小芸，觉得她非常有勇气，很欣赏她，前前后后帮了她不少忙。

婚后第一次冲突是因为很小的事。小芸要他陪着去逛街，他拒绝了，胡勇说："一个大男人陪个小丫头去挑袜子、买内裤什么的，算什么事儿。"他顺手丢给小芸一张信用卡，要她自己逛。结果，小芸把信用卡摔在地上，哭着说："谁要你的臭钱！"

对此，胡勇感到非常苦恼，他问她的一个朋友："她到底要什么呢？钱也不要，这么好的条件也不要，她到底要什么？"

当朋友问胡勇，除了用"钱和条件"，他还会用什么方式表达爱？胡勇想了想，这一点的确是问题。譬如，小芸把家里布置得又漂亮又温馨，他满意极了，但什么话也没说，只是"嗯""嗯"地点了点头。

朋友问："如果你是她，你会有什么感受？"

胡勇回答说："挺失落的。"

"既然理解小芸的感受，为什么不试着学习一下新的表达方式呢？"

对此，胡勇回答说："我知道应该表达感觉，但我不会呀！而且我没有感觉，假如我那么婆婆妈妈，我就不可能做生意了。"

显然，在胡勇的意识中，他也是将家和工作看成了一回事。

在工作中，他如何做，在家中，他也那样去做。做生意不能"婆婆妈妈"，在家里也不能"婆婆妈妈"。

但家就是"婆婆妈妈"的地方。家之所以温暖，主要就是因为家里的成员"婆婆妈妈"，能理解并体贴彼此那些琐碎的感受。

以上两个案例中的主人公，都是典型的领导型性格。他们也想有一个温暖的家，只是无意中将权力规则带回了家。

领导型性格的人特别在乎权力，在工作中如果总是被控制、受人气。那么，回家以后就容易把气撒在配偶和孩子身上，并有可能显示出更极端的控制欲望来，这在心理学上叫"心理补偿"，在生活中处处可见。

那么，如何避免将权力规则带回家呢？领导型性格者应注意以下几点。

（1）要有明确的意识，将工作和家分开。告诉自己，这是两个不同的世界，需要用不同的方式去对待。

（2）不要把工作作风带回家。可以在家继续工作，但不要将工作的气氛带回家。

（3）保持整个家庭系统的平等。在工作中，必然会有领导。在现代家庭中，在解决问题时，要有"一家之主"。但在沟通中，应该彼此相互尊重。

（4）让珍惜成为家庭主旋律。工作中，处理的主要是利益，目标是解决问题；家庭中，处理的主要是感受，目的是相互理解与接受。多一分理解，多一分接受，就多一分温暖，家就更像一个家。

❖ 怀疑型：越猜越疑，越疑越猜

怀疑型的这种人很敏感，总是觉得事情表面的背后隐藏了什么，别人的微笑面孔背后又有什么企图。他们会在内心形成一个想法，然后对周围环境进行扫描，查到蛛丝马迹来印证他们的想法。通常他们不是发现证据才产生想法，而是有想法之后去找证据印证。

鹏和雯在一起有一年的时间了，鹏很爱雯，房子都已准备好了，两人到了谈婚论嫁的时候，可是最近的一通电话，让鹏怀疑雯是不是背叛了他。

鹏和雯是自由恋爱的，这是鹏第一次谈朋友，鹏性格有点内向，雯性格外向，有点男孩子气，能和周围男同事打成一片。因为他们两个人所在的公司有合作关系，几乎能天天见面，这样一来二去，两个人恋爱了。自从确立了恋爱关系后，他们每天会在睡前打一通电话，这样的习惯保持了快一年了。因为鹏平常睡觉时间比雯要晚，所以雯晚上先打电话给鹏的次数多些。

事情发生在前几天晚上10点多的时候，鹏是这样说的："雯给我打电话。在电话中我有两次清晰地听到她身边有年轻的男人在说话，第一次我没有深想，以为她在看电视，当第二次出现男人的声音的时候，我问她这是什么声音，她说她在看电视，紧接着就说不想多说了，要看电视，就把电话挂了，这使我产生了严重的怀疑。

"5分钟后，她发来微信，只有3个字：'睡觉了'，这让我感觉到她有可能背叛了我。

理由如下：

"第一，我和她聊得好好的，为什么我问她是什么声音的时候，她很突兀地挂断了电话；

第二，她从不在看电视的时候给我打电话，都是洗漱好后准备睡觉前打给我的。平时如果我晚上先打电话给她，她在看电视的话，都会心不在焉，聊不了几句就会挂掉；

第三，一般情况下，如果人在看电视时，接打电话都会把音量调小或者静音；

第四，如果说她真的是在看电视，为什么我和她通话的七八分钟时间内，只有一个男性演员说了两次话，没有其他演员的声音；

第五，5分钟前还说要看电视，5分钟后就说要睡觉了，这困得也太快了。"

"这些怀疑已经像毒刺一样在我的心里扎下了根，每每想起，就会使我郁闷难当，想以头撞墙，很是痛苦。在这通电话的一天后，我终于忍不住问她，电话里的男人声音是怎么回事，她的第一反应让我有点崩溃，居然问那声音是不是说的普通话，又说已经忘记了那天晚上做了些什么，只记得在看电视。她说我那么多的怀疑只是巧合，是我多想，她也解释不了，也不想解释。

"她的回应，让我对她更是怀疑。现在我已经不知如何是好了，我拼命对自己说，是我多疑了，不想瞎想，可是这些念头已经在我的脑海里挥之不去，我已经好几天没有睡好觉了，现在和她处于冷战中。难道是我小肚鸡肠多疑了？如果是我错了，我该如何处理这场危机？如果她真的背叛了我，我应不应该原谅她？"

鹏就是典型的怀疑型性格。这件事就是鹏多疑了，他分析了5条，也抵不过这条，她若真的出轨，大可等情人离开后给你打电话，这样就无迹可寻了。

多疑会产生怀疑，而且越生越多，你每天问一遍对方："我怀疑你变心了"少则一个月，多则半年，那对方真的就和你分手了，这时候，你可能会长出一口气："你看，果然是这样！我当初的疑心是有道理的。"其实，是你不克制的疑心赶走了对方。

怀疑型人，缺点就是疑心太重。他们一旦陷入爱河之中，很容易对伴侣产生怀疑，即使对方给他们承诺、许下海誓山盟，他也觉得对方并非真心诚意，怀疑对方另有企图。他们背地里就会猜测对方的内心，在毫无真实根据的情况下，得出一套结论。一旦这样的结论出现了，他们就会把它当作事实，然后就会根据现实的蛛丝马迹来印证自己的假设，并对伴侣横加指责，让对方陷入无妄之灾中，这都是因为自己的疑心在作祟。

俗话说，疑心生暗鬼。人一旦疑心太强，就会导致越猜越疑，越疑越猜的恶性循环。所以对忠诚型的人来说，一定要控制自己疑心太重的毛病。对自己的伴侣也应该采取这样的策略才行，爱人，是应该给予对方爱和温暖的港湾，千万不要把港湾变成监狱，用可怕的疑心逼着爱人"越狱"潜逃。

❖ 自恋型：别让"水仙"害了你

心理学研究表明，自恋是一种自我陶醉和自我欣赏的情结，过度关注自我，并且总是沉浸在自己不切实际的幻想中。

在职场上，就有很多人因为自恋而毁掉前途。

吴菲在一家大型外企工作，平时工作比较繁忙和琐碎，但她工作十分认真，她希望获得领导的认可，能够早日升迁到自己满意的位置。但由于是知名企业，能力强的员工也非常多，尽管吴菲兢兢业业地干了3年，还是没有得到较大的升迁。

关于自己没有升职的原因，吴菲认为是因为自己的上司是个权力欲和控制欲都很强的人，喜欢独占功劳，而同事则嫉贤妒能，生怕自己得到升迁。例如，每一次公司策划会上，吴菲都觉得自己提出的方案是最好的，但同事们却大多不愿赞同。更让吴菲不满的是，领导对自己没有一个明确的培训计划，更没有要提升自己能力的想法，也就是说，目前这份工作已经没什么前途了。这让各方面能力都不错的吴菲产生了"屈才"的感觉。

最后，吴菲终于无法忍受了，决定离开公司，而领导也没有深切挽留。但吴菲认为，在自己走后，领导肯定会十分后悔，会觉得离不开自己，因为只有自己才能把很多事情办得妥妥当当。"上司当初没把自己当回事，现在一定是弄得一团糟吧？"想到这些，吴菲带着一脸满意的笑容离开了公司。

在职场中有很多自恋的人，他们总认为自己表现得非常好，在公司每天都很拼命地工作，总觉得自己是优秀的人才，领导如果不提拔自己，一定是领导没有慧眼。

成就型的人的这种心理，就是自恋心理在作祟。自恋的主要特征就是以自我为中心，在生活和工作中主要表现为不愿接受他人批评，自傲自满，对自己的才能夸大其词，强烈希望获得成功、权力和荣誉，喜欢指使他人，认为自己应该有特权，缺乏同情心，容易对他人产生嫉妒心理。

吴菲认为自己应该得到培训和提升，或许她本来有提升的可能，但却没有把握准自己的角色要求，她认为自己在公司的作用无比重要，离开自己，领导会很郁闷……

在职场中，成就型的人大多以为自己做得很好，其实领导未必会认可，在很多时候，这些人的自我感觉要远远高于公司对他的实际评价。而且，表现好和升职之间也没有必然联系。

心理学研究称，每个人生来就很自恋，特别是在婴儿时期。此时，婴儿会天真地以为，自己就是整个世界，不知道还有"外面的世界"存在，这种状态也被称为"原始自恋"。随着长大后慢慢对世界的认知，大多数人都会改变这种观念。如果一个人总是活在这种自恋的满足之中，总是自以为是，就会出现自负的心理，随之而来的是现实中的不断受挫和失败。

自恋的心理是一种自我意识压倒潜意识的心理现象。自恋的人固守一种狭隘、片面的主观意识，缺少与外部世界的联系，缺少客观理性的态度。

关于自恋心理，希腊有一个神话故事。

有一个俊美的青年，有一天在水中看到了自己的倒影，不可救药地爱上了自己，他每天在水边欣赏自己的影子，无法自拔。最终跳进了水里，变成一朵美丽的水仙花。

于是，在心理学上也有人用"水仙花"这个词来称呼这种只爱自己的自恋心理强的人。

一般来说，对于自恋心理可以采用如这几招来解决难题。

（1）学会谦虚

其实，大多数的人都会有一点点自恋的心理。但是，少许自恋是一种自信，是对自己的肯定，是工作和社交心理的一种成熟表现。如果过度自恋，就会发展为一种病态，所以，在生活或工作中，要记住"好汉不提当年勇"，要谦虚谨慎、戒骄戒躁。

（2）学会爱别人

成就型的人在生活中，要学会设身处地为他人着想，多一份爱心，尊重他人，真心实意地关心别人。如果能长期坚持下去，便能够从自恋心理的泥潭中走出来。并且爱别人，别人也会给你爱，也能给你一份走出来的动力。

（3）解除以自我为中心的心理

自恋心理最明显的特征就是，在思想行为上总是以自我为中心，看不到其他人的存在。所以，成就型的人要时刻告诫自己，现在已经是成人了，要学会自己去做自己应该做的事情，不要太过于在意别人的赞美之词。当出现以自我为中心的行为后，要在心里及时地提醒和警告自己，坚决不让其有生根发芽的机会。

（4）适时地沟通

也许你有表现好的方面，但是，很多时候上司或老板并不知道，所以你要与上司或老板适时地沟通。并不是每件事都要让上司或老板知道，但一定要与上司或老板沟通。这样不仅能从上司或老板处学到一些东西，同时能让他知道你在做什么，而不是只有你自己知道。

❖ 拖延症：在思考之后行动，不如在行动中思考

拖延型的人充满想象力，但是却很少把想象付诸行动。

俗话说："一分耕耘，一分收获。"只有积极行动，才能提高实现人生价值的效率，提高修炼人生境界的能力；只有积极行动，才能战胜人生中遇到的各种困难，实现自己的目的；只有积极行动，才能真正认识和感悟人生，获得人生的智慧；只有积极行动，才能抓住人生发展机遇，使自己的人生达到新的高度。

自我型的人要知道，世界上绝对没有不劳而获的事情。成功的人无一不是脚踏实地努力行动的结果。不积极行动、不想行动、不愿意付出努力，终将一事无成。

自己的人生路必须要自己去走，必须要付诸实际的行动。人生不仅需要理想、需要智慧，还需要勇敢。人生中的各种实际问题也只有通过自己的实际行动才能得到解决。人生是短暂的，要在有限的时间里实现自己的人生理想，就必须立刻行动，不能把自己的目标和理想停留在口号上。

勇敢有三：选择决断之勇、克服困难之勇和坚持到底之勇。一个没有勇敢精神的人，必将一事无成。

洛夫·罗勃兹是世界头号房地产销售狂人，全球推销员的典范，被美国报刊称为国际销售界的传奇冠军。在美国，一个顶尖的业务员一年成交量为50件，而洛夫·罗勃兹一年可成交600件，这个数字是一般人的50倍。

有记者采访洛夫·罗勃兹，问道："请问您成功的秘诀到底是什么？"

"马上行动！"

"当您遇到困难的时候，请问您都是如何处理的？"

"马上行动！"

"当您遇到挫折的时候，您要如何克服？"

"马上行动！"

"在未来当您遇到瓶颈的时候，您要如何突破？"

"马上行动！"

"假如您要分享您的成功秘诀给全世界每一个人，那您要告诉他们什么？"

"马上行动！"

洛夫·罗勒兹告诉每个人尤其是自我型性格的人，收起你那些不切实际的幻想，现在就行动，成功从来不需要过多的幻想。

正如人们所言："行动不一定就带来快乐，但没有行动则肯定没有快乐！"

在四川的偏远地区有两个和尚，其中一个贫穷，一个富裕。

有一天，穷和尚对富和尚说："我想到南海去，您看怎么样？"

富和尚说："你凭什么去呢？"

穷和尚说："我凭一个水瓶、一个饭钵就足够了。"

富和尚说："我多年来就想租条船沿着长江而下，现在还没做到呢，你凭什么去？"

第二年，穷和尚从南海归来，把过去南海的事告诉富和尚，富和尚深感惭愧。

穷和尚与富和尚的故事讲述了一个简单的道理："说一尺，不如行一寸。"先行动起来，在行动中去检验，去完善。

心想事成，这句话本身没有错，但是自我型的人只是把想法停留在空想的世界中，而不落实到具体的行动中，因此常常是竹篮打水一场空。

俗话说："100次心动不如一次行动！"因为行动是一个敢于改变自我、拯救自我的标志，是一个人能力有多大的证明。只想不做或是只说不做的人，永远不会成功。美国著名成功学大师杰弗逊说，一次行动足以显示一个人的弱点和优点是什么，能够及时提醒此人找到人生的突破口。在人生的道路上，你需要做的是：用行动来证明和兑现曾经心动过的行动。

曾经有一位65岁的老人从纽约步行到了佛罗里达州的迈阿密市。经过长途跋涉，克服了重重困难，他到达了迈阿密市。在那里，有几位记者采访了他。他们想知道，他是如何鼓起勇气，徒步旅行的？这路途中的艰难是否曾经吓倒过他？

"走一步路是不需要勇气的。"老人答道，"我所做的就是这样。我先走了一步，接着再走一步，然后再走一步，我就到了这里。"

自我型的人，也许你早已经为自己的未来勾画了一幅美好的蓝图，但是它同时也给你带来烦恼，你感到自己迟迟不能将计划付诸实施，你总是在寻找更好的机会，或者常常对自己说："留着明天再做。"这些做法将极大地影响你的做事效率。因此，要获得成功，必须立刻开始行动。任何一个伟大的计划，如果不去行动，就像只有设计图纸而没有盖起来的房子一样，只能是一个空中楼阁。

目标再伟大，如果不去落实，永远只能是空想。成功在于意念，更在于行动。制订目标是为了达到目标，目标制定好之后，就要付诸行动去实现它。如果不化目标为行动，那么所制订的目标就成了毫无意义的东西。

❖ 老好人：说"不"是你的权利

和平型的人是生活中的"老好人"，他们有不满的情绪，也很少会直接表达出来，因为他们怕直接表达出来伤了大家的和气，会让大家都没有面子。

从心理学角度来看，害怕说"不"，是因为没有建立起健全的界限意识。界限不仅包括生理和心理上的，也包括情绪上的，是一种拒绝可能对自己的身心造成伤害的事情的能力。这种界限可以帮助你保护自己的时间、隐私、财富和健康，也能保障你在社会中获得最基本的礼遇和尊重。

你的一个普通朋友来找你借钱，而你准备将手头上的钱拿来做一项很看好的投资，这时你又该如何去拒绝呢？

生活中像这样的事情时时刻刻都在发生。尤其对于调停者来说，拒绝他人成了他们最头疼的事情。当别人对他们提出要求的时候，本来想拒绝，但碍于情面最终难以将"不"说出口。

某市龙头企业S金融公司招聘一名业务专员，公司副总从50多名应聘者中挑选出两名年轻人——秦凯和肖卫。这两个年轻人业务能力都很强，公司副总一时难以取舍，决定在试用期对二人先考察一番，再决定谁去谁留。

在进入S公司之后，向来头脑活跃的肖卫便开始积极准备了。他认为想要在S公司留下来，必须要搞好和同事与上司的关系，只要笼络了人心，到时候留下来的机会就非自己莫属了。所以，在试用期阶段，他无论什么事都表现得特别积极。比如，同事让他帮忙搞卫生、打印文件等，他都来者不拒。同事们看到这个年轻人这么勤快，自然十分高兴。渐渐地，公司一些杂活儿都由他包揽了：打扫卫生、接电话、打印文件，有时候同事甚至将买早餐、接孩子这类工作之外的事也都交给他去做，肖卫为了混个好人缘，自然是不好意思拒绝，整天忙得不亦乐乎。

秦凯就不同了，进公司之后，一心干自己的工作，有人请他帮忙，他总以自己工作没做完为理由拒绝，同事在遭到拒绝之后，渐渐地也不找他帮忙了。因此，相比秦凯，肖卫在同事间的人缘越来越好了。

转眼间，两个月的试用期到了，终于等来了决定谁去谁留的时候。这天早上刚上班，秦凯就被副总叫进办公室，肖卫看着离去的秦凯，心里暗暗得意："看你平时只顾埋头干活，人缘那么差，这次留下来的肯定是我了。"

过了一会儿，秦凯从副总办公室走出来，并开始收拾自己桌上的东西。这一切似乎都在肖卫的意料之中，肖卫正要走上前安慰一番，却发现情况好像不对，他看到秦凯正把自己桌子上的东西搬到另一张办公桌上，而那张桌子就是公司为正式员工准备的。

"难道他被录取了？不可能！"就在肖卫倍感疑惑的时候，副总让他去一趟办公室。怀着惴惴不安的心情，肖卫走进副总的办公室。

"肖卫，你这两个月在公司的表现很好，同事们对你的评价相当高。你是一个热心肠的人，就冲着你这份热心，我真的很想把你留下来。但是，公司需要的可不是只会干杂活的人，我们更看重的是工作上的成绩。所以，很遗憾，我们决定暂不录用你。希望你在新的公司能有更好的发展……"

前述故事中的肖卫当属典型的调停者，事事都怕得罪人，总想和每个人都搞好关系，结果适得其反，与好工作失之交臂。生活与工作中，搞好人际关系固然重要，但这并不代表你任何时候都要对他人的要求全盘接受。

调停者这种"来者不拒"的心理，只会让自己在生活与工作中压力越来越大，直至不堪重负。所以，有时候对于不合乎情理的要求，调停者应该学会说"不"，这样将会使自己在生活与工作的道路上走得更加轻松。

当然，说"不"并不代表就要严词拒绝，怎么拒绝既能达到自己的目的，又能让他人乐于接受呢？不妨学学下面这几种说"不"的技巧。

(1) 心存感激地拒绝

很多时候，由于对方信任你，所以才会托付你去做某件事。这时候，你首先要对对方的信任表示感激，然后和颜悦色地拒绝，让对方知道，你拒绝的不是他这个人，而是这件事情让你确实很为难。

(2) 先否定后肯定

很多时候你可以采用先否定后肯定的方法来拒绝别人。比如，你的好朋友约你周末一起逛街，但是你正好有别的计划，这时你可以先说："对不起，我答应爸爸妈妈这个周末陪他们一起去爬山。"接着，表达你的拒绝，"所以这个周末我不能陪你去逛街了。"最后再来个转折，以一个肯定的方式来结尾："我想下个周末如果你有空，我们再好好逛一下，怎么样？"

(3) 给对方一个台阶下

每个人都有自尊心，如果你直接拒绝对方，不留一点余地，难免会使对方难堪，从而引起对方的反感。因此，有些情况，不要一开口就说"不"，应该尊重对方的愿望，先同情、安慰一番，然后再说出自己无法接受的理由。要让对方感受到你的诚意，同时他自己也不会觉得难堪。这样他在欣然接受的时候，说不定还会对你心生感激。

测试：你是外向性格，还是内向性格？

1913年，瑞士心理学家荣格（Ca^l.G.Jung）第一次提出了性格的内外向类型。荣格认为，在与周围世界发生联系时，人的心理可以分为两种倾向，称为"定势"。一种定势指向个体内部世界，叫内向；另一种定势指向外部环境，叫外向。这种划分方法可以看作是人在性格上的最基本的类型。

一般来说，内向的人喜欢安静，富于想象，害羞而退缩；外向的人则喜欢热闹，爱交际。事实上，一个人能够做的，其实就是寻找到自己内向和外向的一个平衡点。从测量的角度来看，没有一个人是绝对内向或者外向，也许每个人只是一个曲线上的一个点，每个点的意义都不一样，因为点的不同，造成了一个人在表现上可能有各种变化。

外向型和内向型通常通过自我测试来测量。

设想五个人拿到了如下的问卷：

在这份问卷中，甲和乙是外向者，丁和戊是内向者，丙介于两者之间。

内向外向性格测试

以下是60个测试题目，每个题目都有"是""不能确定""不是"3种答案。请你以最快的速度回答完毕，并统计A、B卷的综合得分。

A卷

1.当你站在很多人面前时，你会感到不好意思。

2.更愿意一个人独处。

3.与陌生人打交道，你觉得不容易。

4.当你遇到不快乐的事情时，你能一直不露声色。

5.你不喜欢社交活动。

6.你不会把自己的想法轻易地告诉别人。

7.对问题，你喜欢刨根问底。

8.你凡事很有主见。

9.会议休息时，你宁肯一个人独处也不愿意与人交谈。

10.当你遇到困难时，你非弄懂不可。

11.你不善于和别人辩解。

12.你时常因为自己的无能而沮丧。

13.你常常对自己面临的选择犹豫不决。

14.你喜欢拿自己去和别人比较。

15.你容易羡慕别人的成绩。

16.你很在意别人对你的看法。

17.在发现异常的情况时，你容易产生丰富的联想。

18.你总是把家里收拾得干干净净。

19.你做事很细心。

20.你十分注意维护自己的信用和形象。

21.你信奉"不干则已，干则必成"这一格言。

22.拿到一本书，你可以反反复复地看几遍。

23.你做事情多有计划。

24.在学习时，不容易受外界的干扰。

25.读书时，你的作业大多整洁、干净。

26.一旦对人形成一种看法，你不会轻易地改变。

27.你不喜欢体育活动。

28.在买东西前，你总是货比三家。

29.在不愉快的事情面前，你不会生很长时间的气。

30.你常常担心自己会遇到失败。

B卷

31.你总是对人一见如故。

32.你喜欢自己表现。

33.开会时，你喜欢坐在显眼的地方，方便被人注意到。

34.你在众人面前总是能够爽快地回答问题。

35.你愿意经常和朋友在一起。

36.逛街时，你只要认为是好东西就会立即买下来。

37.对别人的意见，你很容易接受。

38.你喜欢高谈阔论。

39.决定问题时，你是一个爽快的人。

40.常常不等别人把话讲完，你就觉得自己已经懂得了。

41.当遇到挫折时，你不轻易丧气。

42.碰到高兴的事情时，你容易喜形于色。

43.对别人的事情，你不太注意。

44.你喜欢憧憬未来。

45.你相信自己不比别人差。

46.你不注意外表。

47.即使做了亏心事，你也会很快遗忘。

48.你常常忘了自己放的东西在哪儿。

49.对于别人的请求，你总是乐于帮助。

50.你总是热情来得快，退得也快。

51.你做事情注重速度而不注重质量。

52.你不习惯长时间看书。

53.你的兴趣广泛，但经常换。

54.在开会时，你喜欢同别人交头接耳。

55.答应别人的事情你会经常忘记。

56.你容易和别人交朋友。

57.对电视中的球赛节目，你非常感兴趣。

58.你不看重经验，不惧怕从没做过的事情。

59.当你做错事情，你容易承认和改正。

60.你容易原谅别人。

A卷"是"0分，"不能确定"1分，"不是"2分

B卷"是"2分，"不能确定"1分，"不是"0分

性格分析：

90分以上，典型的外向性格。

71~90分，稍微外向性格。

51~70分，外向、内向混合性格。

31~50分，稍微内向性格。

30分以下，典型的内向性格。

第 二 章

◈

情绪管理：不要跟着感觉走到黑

❖ 抱怨不是聊天的工具

不知道你是否注意到在你周围有这样的人：他们整天都在埋怨，似乎从来就没有过顺心的事，没有过顺利的时候。这样的人无论你什么时候和他们在一起，都会听到他们不停地唠叨埋怨，高兴的事全被抛在了脑后，不顺心的事总被挂在嘴上。

所谓"抱怨者，人远之"，无论什么时候，人们都想离那些消极沉郁、抱怨不满的人远一点，他们的出现只会削减你积极的能量。比如，他们会跟你说"周围没一个好东西""老板这个人真不怎么样"，这很容易影响你的判断。长此以往，你真的会渐渐地对一切本来确定的事情产生怀疑，对美好、正直、善良的东西不再信任。

近朱者赤，近墨者黑。结交一些积极、优秀的朋友，你可以从他们身上学到很多有益的东西，他们那阳光般的心态可以驱除人性的阴暗，让任何不良的习性无处遁形，但如果你结交的是一个整天对世界不满、对人生不满的人，在他的唉声叹气中，你也会被熏染得失去理想、正直、无私等一切正面的东西。

格林和他太太认识了一对夫妇，他们有个儿子和格林的女儿同龄。4个大人有很多共同点，小孩子也喜欢在一起玩，所以两家人花了很多时间相聚、相处。然而，过了几个月之后，格林夫妇便不再期待这种聚会了。格林太太说："我真的很喜欢他们两个，可是她每次一跟我说话，就只会抱怨先生。"格林告诉她，他和那家的先生单独相处时，他最常做的事也是抱怨太太。

他们发现，这对夫妻在发牢骚时段里，不但互相抱怨对方，甚至试图让格林夫妇去注意或谈论到底喜欢对方什么。久而久之，格林夫妇便找借口疏远了这家人。

抱怨者不见得不善良，但常常不受人欢迎。抱怨能够毁坏人和人之间正常的关系，抱怨者的本意可能是想让别人替自己打开一扇门，但结果往往是敦促别人把那扇本来为你敞开着的窗也关闭了。如果你见到抱怨者就会远远躲开，那你自己就不要去做那人见人厌的抱怨者。

首先，分析一下你属于哪种抱怨？

（1）期望不合理

抱怨最直接的诱因是对现状（包括自己、他人、环境等）不满，这意味着当事人的内心有一个标准或期望值。

"为什么我父母不是富翁？"

"为什么老板没有让我晋升？"

"为什么我不能受到更多的训练？"

"为什么我没有做到？"

"为什么没人告诉我应该这样做？"

"为什么我就是找不到爱我的人？"

……

所有这些"为什么"控制着你的心态和情绪，让你把生命的很大一部分精力和时间都投在抱怨之中，长此以往，只会加剧害怕自己是一个无价值、无力量、无用的人的恐惧。

现在，你可以尝试用"如何"来替换它们，使自己充满热情和勇于挑战。你可以问自己："我如何才能做到？""我如何才能让老板给我升职？"等。

相对于反复受挫而怨言不断，把"为什么"转变成为"如何"，能够给你带来超过你想象的更有建设性、更愉悦的心境。

（2）缺乏自信和行动力

抱怨别人其实是一种对自己的缺点和失败的否定，对应承担的责任的逃避，这种人通常都缺乏自信和行动力。抱怨只会使他们失去自我完善和发展的机会，继续在错误的道路上徘徊不前。他们的抱怨往往来自于内心的害怕，害怕面对事情，害怕面对问题本身，害怕和别人进行有意义的交流等。

例如，事业失败了，他会带头抱怨，因为他害怕遭到别人的质疑或嘲笑。于是，他说，他不是没有努力，而是客观环境太恶劣，好像这个行业不可能成功一样。但事实并非如此，他失败的原因多半在于他自己本身，要么就是没有努力，要么就是没有找对方法。而那些听他抱怨的人会根据他所说的频频点头，这样的结果让他满意："看，我就知道问题不在我，他们也都这么认为！"

当他面对一个难题时，他心理的恐惧占了上风，他害怕不能战胜难题，他同样害怕自信心被伤害。于是，他又开始抱怨，想避开痛苦，他想通过抱怨抑制自己内心的恐惧。今天上司给了他一份策划书，让他在明天早上开会前准备好。他很害怕准备得不好而遭到上司的责备和同事的轻视，最后连他自己都不相信自己的能力。于是，在他开始行动之前，嘴里不禁又开始抱怨起来："老板真是不公平，让我在这么短的时间做这么难的事！""小李明明比我清闲，为什么偏偏不找她？真倒霉！"

他内心的恐惧让他终日抱怨，于是他意志消沉，变得更加软弱。但他忽略了非常重要的一点：做事的成败取决于他做事的态度。

（3）情感表达不当

有些人把抱怨当作表达情绪的一种方式，但结果常常适得其反。父母抱怨子女工作太忙太拼命，其实是想表达对子女的牵挂；妻子抱怨丈夫不顾家，其实并不指望他真的能干多少家务活，只是希望他能多陪陪自己……可惜被抱怨的人并不总能听懂抱怨背后的情感，他们很容易将抱怨理解为批评指责，然后针锋相对，最后演变成一场"战争"。亲人之间情感的表达应当采取积极、正面的方式。

（4）习惯性抱怨

如果你被别人欺骗了，你可以怨天尤人、痛骂社会，甚至自责，但事

性格心理学

情却不会因这些而改变。这一切只会影响你和日后的生活。

现实中存在不少这样的人，他们往往把抱怨当成聊天的一个内容，而不会寻找其他的话题。即使没有特别的事情发生，人们抱怨的事情也是五花八门：天气、交通状况、商场里拥挤的人群、银行里的长队、变老的事实、待遇太差、疾病的困扰、子女的问题，等等。

大多数人觉得抱怨是很好的发泄工具，能在受到挫折或面临困难的时候放松自己的心情，却忽略了这种情绪对自己的严重影响。爱抱怨者可能很难意识到：很多抱怨都是他们自己一手造成的！

你的工作没做好，上司自然会找你麻烦；你不注意减肥，当然没有适合你的衣服；你不看天气预报，被雨淋了又能怪谁？所以，当你试图抱怨的时候，不妨先从自己身上找原因。否则，一旦养成了抱怨的习惯，就会把自己的问题隐瞒起来。而无休止的抱怨式聊天也会让别人心烦，导致在无形中同事、朋友、家人对你的不满和疏远。

❖ 你需要的是水，就不要去比较杯子

在生活中，每个人都可能莫名地生气，莫名地烦恼，看到什么都不顺眼，做什么事都提不起精神来，为什么会这样呢？

也许是因为生活压力太大，也或者是因为工作中遇到困难，甚至是家里人出现了什么意外……看起来，这些都是生气、烦恼的诱因，但是究其根本，却是一个人的认知问题。

弘一法师说："有些人因为错误的认知而痛苦了十几年、二十年，他们相信别人背叛或厌恶他们，即使对方可能只是出自一番好意。一个错误

认知的受害者，不但使自己痛苦，也连累周围的人。"

大学同学到一个老师家聚会，本来是想叙叙旧，可是到了一起，同学们却都在抱怨自己的生活如何不如意。有的说自己工作不如意的，有说自己感情生活不满意的，还有说自己身体状况欠佳的，总之就是没有一个人是幸福的。

老师看在眼里，只是笑笑，什么也不说，然后拿出一大堆杯子说道："我不跟你们见外了，你们自己倒水吧。"

学生们纷纷拿起了杯子，倒上水握在手中。

这时，老师说话了："现在，你们手里每人都拿了一只杯子，仔细看看，手里的杯子和桌子上的杯子哪个漂亮些？这个很明了，你们手中的杯子都比桌子上的杯子要漂亮些。"

"谁不想自己手里的东西是最好的呢？"一个同学说。

"可是我们需要的是水，而不是杯子啊！其实这就是你们烦恼的根源。"

同学们顿时恍然大悟。

你需要的是水，就不要去比较杯子。很多时候，你常依着错误的认知在行事，其实不该如此确定自己的看法是正确的。当看到美丽的太阳，你可能相信太阳就是现在这样子，但是科学家会告诉你，那是它8分钟前的样子。因为太阳与地球相距遥远，阳光需要花8分钟才能到达。

有一个人独自去旅行，第一站就是游历名山。当她气喘吁吁地到达山顶的时候，她被眼前美丽的景色陶醉了。立于山巅，所有景色收于眼底，奇峰怪石，烟雾缭绕，美得令人心旷神怡。

都说无限风光在险峰，不爬到山顶，怎么能欣赏到如此美丽的景致呢？她唏嘘不已，拿着相机不停地拍，似乎想把这美丽的景致全拍下来，天色向晚犹不自知。

下山后，她才发现，原本热闹的景区早已经少有游人了，自己原本要搭乘的那辆班车也已经错过了。她在山下，抱着相机长吁短叹，愁眉不展。从山下到自己临时租住的小旅馆，至少有5公里的距离，步行回去至少要一个小时，更何况从早晨到现在，自己已经在山上待了整整一天，体力早已耗尽，哪还有力气走回去呢？

她坐在路旁，开始生自己的气，恨不得抽自己一巴掌。

这时，一个卖山珍的老人收好摊子，回头问她："姑娘，天都黑了，怎么还不回去，在等人啊？"

她哭丧着脸说："没车了，怎么走？"

老人说："没车了，就走回去，生气有用吗？"

她说："走不动了，我在气自己糊涂。"

老人乐了，"就这事也值得你生气吗？我问你，你上山干什么来了？"

她说："旅游、看风景、愉悦心情啊。"

老人说："这就对了。既然是旅游，坐车和走路有什么不同？既然旅行是为了快乐为了愉悦心情，你何必和自己找气生，自己和自己过不去呢？"

她恍然大悟地点点头。真的迈开大步，徒步回到了自己租住的小旅馆。尽管山里的夜黑漆漆的，可那是她第一次在山里走夜路，不一样的经历，就有了不一样的感觉。回到旅馆的时间比原来设想的还提前了一刻钟，洗漱完，她躺在旅馆的小床上，透着窗户，看着窗外的弯月，内心有一种从没有过的安宁。

你必须非常小心地看待自己的认知，否则就会因此而受苦。你可以试着在纸条上写道："你确定吗？"然后贴在房间，这将对你有很大的帮助。

所以当生气、痛苦时，请回到自己的内心，深入地检视认知的内涵与本质，检视所相信的事。如果能去除错误的认知，祥和与幸福的感觉就会在心中浮现，而你又有能力重新爱别人。

❖ 低潮只不过是一时的错觉

情绪是很会"骗"人的。他们可以"骗"你，而且常常会教你误以为你的生活比实际上的糟糕。

当你心情不错时，你有自己的见解、常识和智慧，凡事都不难，遇到问题，也有信心去解决。心情好的时候，人际关系融洽，沟通也很顺畅，即使遭受批评，也能欣然接受。相反的，当你心情不佳时，生活看起来就很糟糕。遇到一点儿困难，你就难以保持平衡。你会认为所有事情都是冲着你来的，甚至会误解周围的人，把邪恶的动机归罪到他们的行为上。

早晨，你和家人正在吃早饭。突然，你的女儿碰翻了桌上的咖啡壶，你的衣服被弄脏了。衣服是你上班时要穿的，而早上的时间很紧张。你勃然大怒，指责女儿做事不小心。女儿被吓得哇哇大哭。指责完女儿，你又转而责怪妻子将咖啡壶放得离桌沿太近。于是，夫妻之间的口角发生了。你气冲冲地上楼去换衣服。下了楼，你发现女儿只顾着哭，早饭还没有吃完，又误了学校的班车，而妻子也到了上班的时间。

你只好驾车送女儿上学。因为你上班的时间快到了，所以你将车子开得飞快。你因为超速驾车，被警察拦住，一来二去花了一刻钟时间，最后你交了罚金后才得以离开。女儿到了学校后，因为匆忙，没有向你说再见。你到了办公室，已经迟到了20分钟，而且你发现公文包落在家里了。

这一天一开头就不顺，而且事情似乎变得越来越糟糕。你盼着工作早点结束，可是当你真的回到家，你又发现你和妻子、女儿之间有了一点隔阂。

那么，这糟糕的一天是怎么引起的呢？

A.咖啡壶引起的

B.女儿引起的

C.警察引起的

D.你自己引起的

答案是D。

咖啡弄脏你的衣服时，你没有控制好自己，你做出反应的这5秒钟，导致了你一整天不顺利。

如果你换一种情绪去看待这件，结果将会是怎样的呢？

你的衣服被咖啡弄脏了，女儿正要哭，你柔声说："哦，宝贝儿，不要哭，你只要下一次小心一点就可以了。"你上楼换衣服，同时拿起公文包，你下楼后从家里的窗户看到女儿蹦蹦跳跳地上了学校的班车。你到办公室时，离上班时间还差5分钟。你愉快地和老板及同事们打招呼，你这一天都会是好心情。

这是一篇题目为"你掌控90%的人生"的文章，广为流传——同样的事件，不同的结果。

为什么呢？

因为人生很多事情，事实只占10%，而每个人对事实的反应占了90%。这10%的事实人们往往无法控制，比如汽车抛锚、飞机晚点、天降大雨等。但是，你对于这些事实的反应是能控制的，而这才是幸福的决定性因素。

你是你自己的将军，你是你自己的统帅，你是你自己的统治者。尽管你的出生地、升降沉浮等外在因素不能完全被你掌控，但是你完全可以掌控你自己。你可以选择自己开心快乐，可以选择自己"凡事往好处想"，可以选择知足常乐等。

这是个陷阱：大多数人并不了解是他们的情绪在作怪。他们以为生活是突然在昨天或者过去这一小时才变糟的。所以，一个人早上心情好的时候，会爱他的妻子、爱他的工作和他的车子。他对前途可能感到乐观，对过去也心存感激。可是，可能到了下午，如果心情不佳，他就会说他痛恨他的工作，厌烦他的太太，讨厌他的车子，而且相信他的事业没有前途。如果你在他情绪低潮的时候问起他的童年，他可能会告诉你，那是一个悲惨童年，其至他可能会把目前的困境怪罪在父母的头上。

这样迅速而剧烈的落差看来虽然荒谬可笑，可是人全都是这样的。

在情绪低潮的时候，你会失去平衡，每件事似乎都很急迫。你完全忘了，心情好的时候，凡事似乎都好多了。不论你跟什么人结婚，在哪里工作，开什么车，潜力如何，童年过得好不好，这一切全都取决于你心情的好坏！情绪低潮的时候，你不但不怪自己的情绪不对，还容易觉得整个生活都不对劲。就好像你真的相信了，你的生活在过去一两小时中被瓦解了。

事实上，在你心情不好的时候，生活从来没有你以为的那么糟糕。你不要困在愤怒之中，以为自己看得很实际。你可以学习去质疑自己的判断，不妨提醒自己："我当然会有戒心（或感到生气、挫折、紧张、沮丧）。""我心情不佳吗！"当你的情绪糟透时，学会一笑置之："这是人类不可避免的情况，会随着时间过去的，不必理它。"

如果你有一个正当的问题，先改善心情，它还会在那里的。窍门是："感激我的好心情，在心情不好的时候，则要保持优雅的风度，不要把问题看得太严重。"

下一次你情绪不佳时，不论原因是什么，都提醒自己："这也会过去的。"它就真的会过去。

❈ 明天的落叶，怎能在今天扫干净

弘一法师在带领弟子禅修时，说过这样一句话："把过去交给过去，把未来交给未来。"这是对"活在当下"的最好诠释，也是开启智慧法门的一条捷径。

那些过去的人和事已经消失在苍茫的人海中、无涯的时间里。当我们屏气凝神，细细品味生活的时候，内心就会变得非常宁静，在这份沉静中，我们的执着、妄念将会得到克制。闭目冥想，在千百万年的时间里，在永恒浩渺的宇宙中，每一个生命是如此的细微、脆弱，不能改写过去和未来的命运，我们能够做的，只是沉静下来，把过去的时光交给过去，把未来的希望留给未来，把我们自己的心灵留在当下，活在当下的每分每秒里。

这是"现在主义"的禅诗：

"过去是未来，未来是过去，现在是去来，菩萨晓了知。"

过去就是未来，未来也就是过去，现在就是过去以及未来。

而在现实世界中，我们常常被时间蒙骗，以为过去的已经过去，未来的一定会来，现在的永远不变。

其实，在时间的脉络中，时间的过去、现在和未来是互相交错不可分割的，我们唯一能够把握的只有现在。所以，不要牵挂过去，不要担心未来，踏实于现在，便能与过去和未来同在。

有人曾请教弘一法师："有形的东西一定会消失，那么世上会有永恒不变的真理吗？"

弘一法师回答："山花开似锦，涧水湛如蓝。"

如锦缎般盛开的鲜花，虽然转眼便会凋谢，但依然不停地绽放，碧玉般的溪水，虽然映照着同样蔚蓝如洗的天空，却每时每秒都在发生变化。

世界是美丽的，但所有的美丽似乎都会转瞬而逝。这也许会让人伤感，但生命的意义的确在于过程。时间像一支离了弦、永不落地的箭，是单向的，不能回头，所以我们要把握住现在，认真地活在当下。能够抓住瞬间消失的美丽，就是一种收获。

从前，有个小和尚每天早上负责清扫寺庙院子里的落叶。

清晨起床扫落叶实在是一件苦差事，尤其在秋冬之际，每一次起风时，落叶总随风飘落。每天早上，小和尚都需要花费许多时间才能清扫完落叶，这让他头痛不已。他一直想要找个好办法让自己轻松些，

后来，有个和尚跟小和尚说："你在明天打扫之前先用力摇树，把树叶统统摇下来，后天就可以不用扫落叶了。"小和尚觉得这是个好办法，于是，第二天起了个大早，使劲地摇树，他想，这样他就可以把今天跟明天的落叶一次扫干净了。那一整天，小和尚都非常开心。

可是第二天，小和尚到院子里一看，不禁怔在原地。院子里如往日一样落叶满地。这时候，老和尚走了过来，对小和尚说："傻孩子，无论你今天怎么用力摇，明天的落叶还是会飘下来的。"

小和尚终于明白了，世上有很多事是无法提前预支的，无论欢乐与愁苦，唯有认真地活在当下，才是最真实的人生态度。

明天的落叶，怎么能在今天全部扫干净呢？

再勤奋的人也不能在今天处理完明天的事情，所以，不要预支明天的烦恼，认真地活在今天，比什么都重要！放下过去的烦恼，舍弃未来的忧思，顺其自然，把全部精力用来承担眼前的这一刻，因为失去此刻便没有下一刻，不能珍惜今生也就无法向往未来。

曾有人问弘一法师："什么是活在当下？"

弘一法师回答说："吃饭就是吃饭，睡觉就是睡觉，这就叫活在当下。"

性格心理学

仔细想来，人生最重要的事情不就是我们现在做的事情吗？最重要的人不就是现在和我们在一起的人吗？而人生最重要的时间不就是现在吗？

那些张皇失措的观望，心无定数的期盼，除了妄想以外，几乎不能给人们带来什么快乐，反倒是那些懂得路在脚下的人，往往能够踏踏实实地走好每一步。

一位老禅师带着两个徒弟，提着一盏灯笼行走在夜色中。一阵风吹来，灯笼被吹灭了。徒弟担心地问："师父，怎么办？"师父淡淡地说："看脚下！"

是的，当一切变成黑暗，后面的来路与前面的去路都看不见、摸不着的时候，我们要做的就是，看脚下，看今朝！

❖ 法律不会去管那些小事情

法律上有一句名言："法律不会去管那些小事情。"
一个人有时偏偏为这些小事忧虑，始终得不到平静。

荷马·克罗伊，是个写过好几本书的作家。以前他写作的时候，常常被纽约公寓热水灯的响声吵得快发疯。蒸气会砰然作响，然后又是一阵"哔哔"的声音，而他会坐在他的书桌前气得直叫。

"后来，"荷马·克罗伊说，"有一次我和几个朋友一起出去宿营，当我听到木柴烧得很响时，我突然想到：这些声音多像热水灯的响声，为什么我会喜欢这个声音，而讨厌那个声音呢？我回到家以后，跟自己说："火堆里木头的爆烈声，是一种很好的声音，热水灯的声音也差不多，我该埋头大睡，不去理会这些噪音。"结果，我果然做到了，头几天我还会注意热水灯的声音，可是不久我就把它们都忘了。"

狄士雷里说过："生命太短促了，不能再只顾小事。"

这些话，安德烈·摩瑞斯在《本周》杂志里说："曾经帮我捱过很多痛苦的经验。我们常常让自己因为一些小事情、一些应该不屑一顾和忘了的小事情弄得非常心烦……我们活在这个世上只有短短的几十年，而我们浪费了很多不可能再补回来的时间，去愁一些在一年之内就会被所有的人忘了的小事。不要这样，让我们把我们的生活只用在值得做的行动和感觉上，去运用伟大的思维，去经历真正的感情，去做必须做的事情。因为生命太短促了，不该再顾及那些小事。"

就像吉布林这样有名的人，有时候也会忘了"生命是这样的短促，不能再顾及小事。"其结果呢？他和他的舅爷打了维尔蒙有史以来最有名的一场官司——这场官司打得有声有色，后来还有一本专辑记载着，书的名字是《吉布林在维尔蒙的领地》。

故事的经过是这样子的。

吉布林娶了一个维尔蒙地方的女孩子凯洛琳·巴里斯特，在维尔蒙的布拉陀布罗造了一间很漂亮的房子，在那里定居下来，准备度过他的余生。他妻子的舅爷比提·巴里斯特成了吉布林最好的朋友，他们两个在一起工作，在一起游戏。

然后，吉布林从巴里斯特手里买了一点地，事先协议好巴里斯特可以每一季在那块地上割草。有一天，巴里斯特发现吉布林在那片草地上开了一个花园，他生起气来，暴跳如雷，吉布林也反唇相讥，弄得维尔蒙绿山上的天都变黑了。

几天之后，吉布林骑着的他的脚踏车出去玩的时候，他的舅爷突然驾着一辆马车从路的那边转了过来，逼得吉布林跌下了车子。而吉布林这个曾经写过"众人皆醉，你应独醒"的人，却也昏了头，告到官里去，把巴里斯特抓了起来。

接下去是一场很热闹的官司，大城市里的记者都挤到这个小镇上来。新闻传遍了全世界。

事情没办法解决，这次争吵使得吉布林和他的妻子永远离开了他们在美国的家，这一切的忧虑和争吵只不过为了一件很小的小事：一车子干草。

平锐克里斯在2400年前说过："来吧，各位！我们在小事情上耽搁得太久了。"一点也不错，我们的确是这样子的。

下面是傅斯狄克博士所说过的故事里最有意思的一个——是有关森林里的一个巨人在战争中怎么样得胜、怎么样失败的故事。

"在科罗拉多州长山的山坡上，躺着一棵大树的残躯。自然学家告诉我们，它曾经有400多年的历史。初发芽的时候，哥伦布刚在美洲登陆；第一批移民到美国来的时候，它才长了一半大。在它漫长的生命里，曾经被闪电击过14次；400年来，无数的狂风暴雨侵袭过它，它都能战胜它们。但是在最后，一小队甲虫攻击这棵树，使它倒在地上。那些甲虫从根部往里面咬，渐渐伤了树的元气。虽然它们很小，但持续不断地攻击。这样一个森林里的巨人，岁月不曾使它枯萎，闪电不曾将它击倒，狂风暴雨没有伤着它，却因一小队可以用大拇指跟食指就捏死的小甲虫而终于倒了下来。

我们不都像森林中的那棵身经百战的大树吗？我们也经历过生命中无

数狂风暴雨和闪电的打击，但都撑过来了。可是，却会让我们的心被忧虑的小甲虫咬噬——那些用大拇指跟食指就可以捏死的小甲虫。

要想解除忧虑与烦恼，记住规则："不要让自己因为一些小事烦心。"

❖ 不是所有的事情都要立刻解决

面对抉择时，你经常发生什么样的情况？是快速挑选一个来面对，还是始终犹疑，难下决定？

有一些人遇到急事、要事、烦心事、危难事，总是巴不得速战速决，立马见分晓。然而，往往当时感觉不错的决定，时过境迁，或者才隔了一个晚上，便又幡然醒悟，深为自己的鲁莽而后悔，为彼时的冲动而自惭。须知，有些事通过自己的追加行为，或许能将功补过、破镜重圆、从头再来。有些事，却是一江春水向东流，过了这个村没有那个店，只能徒唤"逝者如斯夫"。

一对年轻夫妇来到民政局婚姻登记中心，要求办理离婚手续，两人都是怒气冲冲、恶语相向。一个说早办早解脱，另一个说哪怕晚一分钟也是一种折磨。

然而，登记中心的大姐和颜悦色、一脸歉意地说："实在对不起，打印机坏了，明天来好吗？"

第二天，却又是网络出了问题，还是要求隔天再来。三番两次之后，那对年轻夫妻竟然"销声匿迹"了。

这位大姐一语道破："其实，这是一种善意的谎言、缓兵之计，目的是让双方冷静下来，理性思考之后再做决定。"

吾生也有涯，而知也无涯。一个人穷其一生，也不可能万事万物皆知晓。大多数人面对突发事件，容易意气用事，抑或凭借惯常思维行事，看似有的放矢、对症下药，却难免挂一漏万，攻其一点不及其余。

方知此时，需要压制情绪、平息怒气，遏制冲动、平复思绪。你只有冷静看待事物发生发展的全貌，全面分析矛盾产生和爆发的前因后果，才能知己知彼。既分清各自应承担的责任，又找到有效解决矛盾问题的方法途径。

冷处理，并非刻意行事迟疑、行为保守，与遇事宁当"稻草人"，甘做"缩头乌龟"有着本质区别。它的指句仍是处理，而不是任由事情冷下来，只是告诉人们，生活有许多事都是急不得的，不是所有的问题都要立刻解决。你在勇敢面对问题的同时，也要有冷静的思考智慧。

❖ 放不下，就什么也得不到

这个社会很现实，它不会由于某种原因而眷顾人们，相反地，却会"设置"许多障碍来"逼迫"人们，逼迫人们交出权力、放走机遇、抛弃真情。倘若不这么做，那么生活就很难继续下去。所以，学会放弃，才能成为真正的强者。

法国哲学家、思想家蒙田说过一句话："今天的放弃，正是为了明天的得到。"是的，放弃并不意味永远地失去，它只是为了以后铺路。只有放下，才能得到更多。执着是强者的姿态，但放弃才是智者的潇洒，很多时候，执着往往带来伤害，而放弃却可以绽放另一种美丽！

　　"拿得起，放得下"是生活的真谛，"拿得起"是一种选择，"放得下"则是一种更高境界的选择，很多人终其一生都无法参悟其中的道理。事实也证明，成功总是青睐于那些懂得适时放弃的人。

　　有一天，老和尚带小和尚下山，在经过一条大河时，他们碰到了一位姑娘，姑娘因为河水湍急而不敢过河。小和尚见状，低下头合掌念"南无阿弥陀佛"，而老和尚则背姑娘趟过了河，然后放下姑娘，继续赶路。

　　小和尚满脸疑惑，走了许久，他终于忍不住问："师父，你犯戒了！我们不是不能近女色吗？"老和尚听了叹道："我都已经放下了，你怎么还没'放下'呢！"

　　生命的过程，是一个不断拿起和放下的过程，每个人都需要拿起一些东西，放下一些东西，拿起也许仅仅需要一些蛮力或一股激情，但放下却有太多的不甘、不舍、无助和无奈。其实每个人心里都知道自己真正应该拿起什么，应该放下什么，可偏偏很多人在拿起和放下之间徘徊不定、犹豫不决，最终既没有拿起该拿的，也没有放下该放的。

　　拿得起是一种令人敬佩的勇气，而放得下则是一种难能可贵的超脱；拿得起是博大精深的智慧，放得下是意味深远的哲学；拿得起是一种挑战，放得下则是一种安慰。

　　为什么有些人活得轻松自如，有些人前进的脚步越来越沉重？因为前者懂得放下，他知道什么才是自己最需要的，而后者得到一样东西便死死抓住，决不罢手，肩上的包袱越来越多，脚步自然会越来越沉。能成大事者懂得如何放弃，只有学会放弃，才能轻装上阵，摆脱无谓的纠缠。更重要的是，放弃可以让一个人变得胸襟开阔，从而赢得众人的尊重和信任。不过在实际行动中，"拿得起"很容易，"放得下"就难了。

一场战争过后，大街上硝烟弥漫，此时军队已经撤走。一位商人和一位农夫来到了街上，企图能够找到一些值钱的东西。他们惊喜地发现了一大堆还没有被烧焦的羊毛，于是两个人便各自分了一半捆在背上。

在回去的途中，他们又发现一些布匹。农夫想了想，就将自己身上背的羊毛通通扔掉，选了一些扛得动的上好布匹。可是商人却十分贪婪，他不仅舍不得丢下自己的羊毛，还将农夫丢下的羊毛和剩余的布匹统统捡起来。毫无疑问，这些东西压得商人气喘吁吁，而农夫则显得十分轻松。

走了一段路后，他们又看到了一些银质的餐具。农夫又将身上的布匹都扔掉，捡了一些较好的银具背上。此时的商人早已累得直不起腰来，他也很想再拿一些银器，可又舍不得已经到手的布匹和羊毛，只好作罢。此时，天空突然下起了大雨，商人身上的羊毛和布匹被雨淋湿后，变得更加沉重，令商人不堪重负，最后摔倒在泥泞当中。而农夫满心欢喜地回到了家，将银器变卖，过上了富足的生活。

商人和农夫之所以有不同的结局，就是因为商人只懂得拿起，却不懂得放弃，而农夫显然是这方面的高手，他知道如果不放弃就不能得到更好的。其实，他们这一路的过程不就和人生路一样吗？一路走来，人需要面对的诱惑实在是太多了，假如你样样都想要，日子就会过得不开心。当你背负了过多的行囊时，便违背了生命最初的意义。相反，若是该放下的时候就放下，就会轻松快乐地过一生。

千百年来，人们总是在嘲笑那些死死地抓住一些东西不放的人，可是自己又何尝不是在扮演这样的角色呢？其实，人生并非只有一种风景，当你失意的时候，或许别处的风景会更加吸引人。固然，坚守之前的道路并无过错，但你总要试着为自己开辟更多的道路。放下从前，才能开始现在，不是吗？

执着于该执着的，放弃那该放弃的，这无疑是人生当中的一件幸事。

贪图小便宜，终究是要吃大亏的。所以，学会放下吧！放下无谓的名利之争，放下难言的屈辱经历，放下对夕阳的留恋，放下对春光的感怀……倘若什么都不愿意放弃，你便什么也得不到。

测试：你是否处于焦虑状态

现代社会充满机遇与挑战。在这样的环境中，人要保持一份豁达与从容的心态似乎很不容易。很多人都渴望拥有并保持一种宁静的心态，然而焦虑却常常把他们包围。你时常感到焦虑吗？哪些表现说明自己正处于焦虑状态？

下面是有关焦虑一般症状的问题，分为5个部分进行测试，每题设有5个选项：A.没有；B.几乎没有；C.有时；D.经常；E.总是。

请你根据自己最近一周的情绪状况选择合适自己的选项。

第一部分：活动方面

1.完全失去对社交活动的爱好和兴趣，觉得它们似乎太耗精力；

2.对空闲时间自己该做什么，一点也没有底；

3.经常去做一些难以完成的事情；

4.因为要做的事太多，感到不知所措和失控。

第二部分：感觉方面

1.觉得一天当中很少有自己的时间；

2.感到不被家人赏识；

3.时常有一种莫名其妙的不满和气愤；

4.经常在寻求别人的恭维和夸奖。

第三部分：胃口方面

1.紧张或焦虑使自己不思茶饭；

2.靠吸烟或喝咖啡来支持自己；

3.想用巧克力和其他糖类来应付焦虑；

4.有恶心、腹痛或腹泻的症状。

第四部分：睡眠方面

1.经常失眠；

2.睡了整整一夜，但是仍然感到没有休息好；

3.在晚上，不想睡觉的时候睡着了；

4.需要长时间的午睡。

第五部分：观念方面

1.失去了幽默感；

2.情绪急躁易怒；

3.对未来很悲观；

4.觉得自己麻木，无动于衷。

评定标准

以上各题选A得0分，选B得1分，选C得2分，选D得3分，选E得4分。

测试结果

20分以下：表明你存在焦虑情绪；

21~40分：表明你有轻微的焦虑情绪；

41~60分：表明你有中等程度的焦虑属情绪，应该设法放松；

61~80分：表明你处于极大的焦虑中，必须对生活加以重新调整。

第 三 章

❖

肢体语言：别在不经意间透露深藏的你

❈ 消极否定的身体语言出卖了你

我们的各种消极感情，包括不愉快、厌恶、反感、恐惧和气愤等，都可以在我们的脸部表现出来。这些情绪会让我们紧张，因此，我们可以通过一些线索发现这些情绪：颚肌紧缩、鼻翼扩张、眯眼、嘴巴颤抖或嘴唇紧闭（嘴唇好像没了一样）。如果能够进一步观察，你还会发现，紧张的人目光焦距是锁定的，脖子是僵硬的，头一点都不会偏。一个人可能嘴上说自己不紧张，但是他身上的这些线索却能表明，他的大脑可能正在处理一些消极的情绪问题。

当一个人心烦意乱时，这些非语言信号就会出现，它们可能一目了然，也可能有点模糊和短暂，还可能会持续上几分钟或更长时间。有时候它们发生得很微妙，有时候是在故弄玄虚，有时候却只是被忽略了。

人们常常口中甜言蜜语，脸上却显示出各种消极的非语言信号，所以，我们要记住一点，人们常常会隐藏他们的情感，不仔细观察，就无法发现这些线索。

另外，面部线索可能稍纵即逝，尤其是我们所说的细微姿势，它们是很难被发现的。在一段随意的谈话中，这些微妙的行为可能意义不大，但是，在一段重要的人际（可以是情侣间、父母与孩子间、商务伙伴间或面试双方间）交流中，这些看似微不足道的紧张信号就很可能反映出更深层次的情感冲突。

由于我们的意识大脑可能会试图演示我们的边缘情感，所以，我们要抓住任何到达表面的信号，因为它们很可能会产生反映一个人内心深处的思想和意图，这种反映通常具有很高的准确度。

下面，是一些典型的表示消极否定的身体语言及其具体体现。

（1）没有兴趣、兴味索然

如果一个人的瞳孔在不知不觉中慢慢缩小，可能是因为他对自己目前所处的环境或相关的人不感兴趣。而一个看起来全身放松的姿势也会泄露出一个人的漠不关心，比如，悠闲地坐着，一副若无其事的样子，一条腿悬在椅子扶手上晃来荡去。

当两个人谈话时，其中一个人不注意另一个人在说什么的时候，他或者会瞥向一边，看着说话的人的时间可能比看向其他方向的时间要少得多，或者转动头部，将脑袋从说话人处不断地转向别的地方，又或者会对说话人的言辞和评论做出一边嘴角上扬的反应，露出不对称的"坏笑"。

（2）无聊和厌倦

人在坐着的时候如果因为枯燥乏味的谈话，或沉闷、无趣的电视节目而感到百无聊赖时，会呈现出一些泄露实情的姿势，将他们内心的真实感受和情绪表露出来。比如，头时不时地转向一侧，或用手支撑头，身体变得越来越弯曲；头完全由一只手来支撑着；身体向后倾斜；双腿充分伸展；如果想努力让自己看起来不那么百无聊赖，身体可能会向前倾；如果极度无聊，这个人可能会闭上双眼，或者垂着头。

此外，两只手连扣在一起，两根拇指下意识地相互绕着循环打圈；或手指的指背来回地抚摸脸颊，就好像在感受脸上的胡茬一样；或测量想象中的胡须，借此暗示说话的人一直在那里喋喋不休，时间长得足以长出长长的胡须；或一只手的手指朝下，拇指对着身体，表明某个人的谈话会让他们消化不良……这些颇具特色而又形象生动的身体姿势和动作，都在无声地诉说着无聊和厌倦。

（3）不耐烦

失去耐心往往通过坐立不安的动作或抚弄动作表现出来，其中涉及到手指、大腿或脚。如一个人在坐着的时候，可能会用手指快速而连续地敲击桌子或椅子的扶手，表示他的不耐烦。而当一个人站立的时候，则可能会张开手反复地轻拍大腿的外侧。如果那个不耐烦的人是跷着二郎腿坐着的，那么他可能会晃悬起来的那只脚。

（4）不相信

在世界的不同地区，人们用各自的方式表明他们不相信某个人告诉他们的事情。

犹太人经常将一只手展开，手掌向上，另一只手的食指指向掌心，此举意味着："如果你说的事情真的发生了，那么我的手就会长出草来。"

而在南美洲，表示不相信的姿势是用食指上下反复抚摸喉咙，这个动作表明，来自于那个朋友喉咙的言辞都是废话。

不过如果一个美国男人不相信你的话，他可能从大腿处抓住一只裤腿，然后小心翼翼地往上提，就好像刚刚踩了一堆粪便一样，借这种开玩笑的方式表明别人刚刚告诉他的事情就好比一大堆粪便，完全不值得相信。

（5）表示"不"

人们有许多表示"不"的姿势，比我们想象的要多得多。

最熟悉的当属摇头。将头从一边转向另一边，这种说"不"的方式起源于婴幼儿时期，婴儿不想再继续吃奶就会将头转向一边，躲开妈妈的乳房，这个姿势在全世界范围内都存在。

排名第二的就是摇手。一只手上举，手掌朝外，从一边迅速地向另一边摇动。在做这个手势的同时，人的脸上没有微笑，还可能会随之摇头。在这一姿势的"夸张"版本中，双手交叉，掌心朝外，置于胸前。而日本人表示"不"的时候则会举起右手，将手向侧面转，放在脸部前方，同时，从一边向另一边挥动前臂和手。

（6）隐藏式表示不赞成

某个人如果反对他人的观点，但又不方便说出来，作为代替，他可能用沉默，或看起来与手头事情毫无关系，且没有意义的动作来显露出这种消极否定的情绪和感受。

当倾听者不赞成或不同意的时候，他可能会在衣服上轻轻地撕拉，就好像要消除微小的线头一样。择线头的人可能会盯着地板看，而不是注视着说话的人。这些细微的动作，揭示出他怀有许多没有说出来的反对意见和理由。

一个爱挑剔或不满的倾听者则很有可能低着头，这个看起来像是无意间做出来的动作，却表明倾听者不喜欢或不同意说话者所说的内容。

当一个人百无聊赖地坐着时，他可能会频繁地揉眼睛，或者揪拉眼皮。可以说，这些不满的姿势给予大脑反馈，强化并延长了爱挑剔和不满的情绪状态。

如果这个不满意的人是坐着的，那么，他很有可能呈现出所谓的"封闭式姿势"——双臂交叉，跷着二郎腿，身体保持直挺。

（7）拒绝和反对

在会议或聚会上，如果某个人被其想极力回避的人强拖住谈话而感到厌烦的话，他很有可能会给出更加明显的拒绝信号，而并非仅仅表现出没兴趣。一旦你看到某人做出下列动作和姿势，便要意识到自己可能遭到了拒绝和反对：面无表情，打着哈欠；板着脸、噘着嘴，或者嗤之以鼻；目不转睛地凝视着中间距离的某个点，这样一来，另一个人就无法和他视线相对，也就难以将谈话继续下去；坐立不安，拨弄手指，或剔指甲，或剔牙，或者将指关节弄得咔咔作响；厌烦地摇头，或公开地表示不同意；侧身，将头扭向一边……

（8）共享负面信息

当两个朋友想要分享关于某个人的负面信息或负面意见的时候，他们往往会使用一些姿势和动作，不让其他人知道他们在说什么。人们用不同的动作来暗示与另一个人串通、怀疑或蔑视另一个人，以及做出有损人格或侮辱的评论。

最常见、运用最广泛的是眨一只眼睛示意，这是许多欧洲人、北美人、部分亚洲人常用的方式，以此表明他们都知道一个秘密（或者小把戏）。

用食指轻轻按鼻子的一侧，意味着"保持安静，不要声张——这事只有我们两个人知道"。与眨眼示意一样，这个动作并不一定就意味着两个人共享的秘密就是大非大恶的，也可能是搞笑的小伎俩。

用食指敲击鼻子的一侧，这个动作是提醒另一个人，某人好管闲事，爱追问个不停。

而转动眼珠，露出大部分眼白，并扬起眉毛，则意味着在默默询问："你会相信这件事吗？"或者，当一个健忘的人又开始重复那个他讲了千百遍的趣闻轶事时，这个动作表示："哦，看啊，他又开始了……"

❖ 习惯性小动作展露你的紧张

不知道你是否注意过，人们处于紧张的状态时，总是会下意识地做出一些习惯性的小动作，而这些小动作也能够泄露很多有用的信息，从而成为展露你内心紧张的身体语言信号。

（1）清喉咙

很多人都有过这样的经历，当准备开始比较正式隆重的演讲时，喉头会忽然紧闭以致发不出声音，那是由于不安或焦虑使喉头中形成黏液，阻塞了声道。为了使声音恢复正常，就必须先清喉咙。有些人因为不时地清喉咙，被别人视为一种怪癖，其实只是紧张的缘故。所以，说话时不断清喉咙、变声调的人，表示他们非常紧张、不安或焦虑。这里有生理上的原因，由于不安或焦虑的情绪，喉头便形成黏液，促使你先清清喉咙，使声音恢复正常。

但更多情况下，清喉咙已经不再是生理上的需要，而是为了安抚自己紧张的内心。比如，被老板突然点名发言的人，下意识地用清喉咙来为自己赢得更多的思考时间，以便整理出一套说辞。通常情况下，说话不断清喉咙、变声调的人，如果不是疾病导致，就是因为他们有所不安或焦虑，正在寻求信心。

男人这样做要比女人多，而成人又比儿童多。小孩子或许会吞吞吐吐地说"啊"，或者习惯性地说"你知道"，但是他们通常不会清喉咙。成年男子若是有意清喉咙，就可能是在对别人提出一种非语言的警告。但无论是有意还是无意地清喉咙，这种姿态都可以很清楚地传达出一个人的心理状态。

（2）用手拽衣服边

用手拽衣服的姿势，说明了说话的人对自己说出来的话毫无把握，并且自己处于一种情绪紧张的状态之中。许多父母都熟悉这个姿势，当小孩子们回答一些他们不确定的问题而神情紧张时，就常会有这种反应。如果手上没有拿任何东西，他就会一边回答，一边用手拽衣服的边。

（3）抽烟

当一个人在抽烟时，如果心情忽然变得十分紧张，就会熄掉香烟或者把它搁在烟灰缸上任其燃烧，直到紧张解除为止。紧张焦虑的抽烟者可能会一直用香烟敲击烟灰缸，将烟灰弹落。而用烟斗抽烟的人可能会延长清理烟斗、装烟丝、点着烟斗的例行过程。

（4）坐立不安

在感觉压力或无聊的情况下，人们常会在椅子上坐立不安，一直到觉得舒服了为止。其实，问题不在于椅子舒服与否，而是当时所处的环境和情况令人不舒服。

除了以上这些小细节表示内心紧张外，一些其他的细节动作也能表达同样的意思，比如，当一个人感到焦虑不安时，会不断地调整表带，翻查钱包，双手紧握，摆弄衣袖，或是做任何可以使双臂在胸前交叉的动作。手机成为通用品以后，你也许经常见到在公众场合摆弄手机的人，那些经常会沉默地去摆弄手机的人，多数是借此掩饰自己的某种不适。

此外，公文包也是一种保护屏障，可以成为用来安抚内心的工具。比如，在举行商务会议时，那些缺乏安全感的职场男性通常会用手提公文包，或是将文件夹抱在胸前等方法在自己的胸前构筑了一道有形的防线，来掩饰内心的紧张或不安情绪，从中获取某些安全感。

❈ 为什么你仍然会被骗？

人们往往很得意于自己能够识破他人的谎言，特别是在那个撒谎者是他们很熟的人的时候。你听过多少次母亲告诫孩子永远不要对她撒谎，因为她"太熟悉这些谎言了"，或者一个年轻人声称他女朋友永远瞒不过他，因为他能完全"看透她"？实际上对"识破谎言"的研究表明，无论那位母亲还是那个年轻人也许都错了，因为人们只能发现他们遇到的56%的谎言，可能略低于你的预期。研究还发现，即使人们越来越熟悉，识破对方谎言的能力并没有相应提高，有时甚至更差。

造成这种状况的原因多种多样。其中之一是随着人们越来越熟悉，他们对自己识破对方谎言的能力更加自信。尽管如此，准确度却没有相应地增加——通常只是他们的自信增加了而已。而且，当人们更加了解对方的时候，他们可能在自己的分析能力中加入了更多感情的因素，这也限制了他们识破对方的能力。最后，因为每个人都已经知道别人正在寻找何种类型的迹象，所以他们能够调整自己的行为，来减少被识破的概率。

人们很难识破谎言，还有其他一些原因。

（1）阈值的设置

个人对于谎言流行程度的假定，能够决定他们识别撒谎者与诚实者的能力。那些非常信赖他人的人希望他人不会欺骗自己，所以可能把自己的识别阈值设置得非常高。结果他们能准确地识别诚实的人，但不能识别撒谎者。高度怀疑别人的人可能有相反的问题——因为他们把阈值设置得很低，不费力气就能识别大多数撒谎者，但却不能识别说真话的人。某些政客就是极好的第二类情况，他们总把自己的谎言识别器的阈值设置得非常低。他们能成功识别撒谎者，原因在于他们认为每个人都在撒谎！

（2）直觉

研究发现，与把判断建立在迹象的基础上相比，依靠直觉识别谎言的人，其准确性更低一些。甚至说到识别骗局，直觉通常是障碍而不是帮助。

（3）多重原因

人们往往错误地认为，只有特殊的动作才是识别欺诈的线索。例如，有时候人们假定，说话时摸鼻子的人不由自主地泄露了一个身体语言，这个姿势是撒谎的信号，不是别的。这些假定忽视了一个事实，行为和言语有时候能提供谎言的线索，但有时它们提供的是与谎言无关的一种精神状态的线索。测谎器测量呼吸、心率和手心出汗，所有这些都是表示人们情绪波动的指标。人们在感到焦虑的时候，呼吸就会加速，心率就会提高，手掌就会冒汗。人们在撒谎时，通常感到焦虑，他们的焦虑可以被测谎器测出。然而，有时候人们在感到焦虑时并没有撒谎，在撒谎时并没有感到焦虑，这两种情况是一样多的。

（3）找错方向

人们不能识别谎言，因为他们在错误的地方寻找线索。人们注意的，往往是他们认定对方露出马脚的部分。如果你问一问，人们何以知道某人在撒谎，他们常常提到闪烁的眼神或者心不在焉地玩弄手的动作。人们提到的另一些不诚实的信号是微笑、快速眨眼、长时间的停顿、说话太快或太慢。罗伯特·克劳斯和他纽约哥伦比亚大学的同事们把人们用来识别谎言的记号同真正的谎言相关的记号加以对比，他们发现，两者很少重叠。

如果你想洞悉他的谎言，但又做不到单刀直入，开门见山，或者是拿不准让他生气后是否还可以维持你们的友谊，那么，你不妨按兵不动，细心观察。

（1）攻其不备——一个人极为开心的时候，会得意忘形。你先不要点破，让他没有戒心。等到哪天他极为开心时，突然攻其不备地发难，保证他会马失前蹄，露出谎言的真相。

（2）指天为誓——这个方法很古老，却也很简单有效。大部分中国人相信发假誓会得到报应。当你怀疑对方说谎时，若以开玩笑的口气说："我不信，那你发誓!"对方如果躲躲闪闪，甚至还乱发脾气，恭喜你，那八成是确有其事。

（3）留意小动作——根据心理学理论，一个人说谎时常会有不自主而固定的小动作出现。诸如眼神向右前方看、摸摸鼻子、摩擦双手、眨眼、流汗、说话结巴等等，只要经过长期而细腻的观察，必定知道他是不是个十足的说谎者。

（4）一个谎记得住，十个谎露马脚——说谎会成为一种习惯，养成习惯后就会谎话连篇。除非他是个天生的大骗子，不然，一个谎容易掩饰，但谎言太多，以谎圆谎，就连撒谎的人自己都搞不清楚自己说过些什么。你只要随便"抽查"一件他说过的事，保证他会露出马脚。只不过，在探话时，要有点技巧，别让他产生戒心。

（5）问他的朋友——男人最典型的说谎方式，就是用许多根本不存在的借口来忽悠你，而且十之八九都跟他的朋友有关。说谎，一定会含有"虚构"的五大要件：人、事、时、地、物，而只有"人"这个要件存有线索可以追查。他的谎话一出，你立即询问构成这个谎言的当事人，十之八九都还来不及套招。

（6）出勤状况不佳——如果他行迹诡异，隔三岔五就突然消失一下，或是迟到的情况越来越严重，很可能就是刻意隐瞒什么事情。

（7）收不到讯号的爱情——通信设备状况频频，爱情之路必定隐藏危机。如果他的通信设备经常出状况，就得小心彼此的距离是否越拉越远了。这说明他一定是有所隐瞒，而且事态已到了有点严重的地步了。

（8）心不在焉，喜怒无常——这世上没有人喜欢说谎，所以，谎言一出，任何人都会害怕在不经意间被识破。因此，许多人说谎时难免会变得吞吞吐吐，有的人可能还会借故跟你发脾气，转移你的注意力，让你紧张或愧疚地忘记他的小状况。如果你还以为他最近的阴晴不定是因为工作压力太大，那小心最后哭的人是你！

（9）个性改变——个性的暂时转变，也是说谎的征兆之一，这表示他的心里藏着秘密。

❈ 是真自信还是假自大

站立是人们生活交往中的一种最基本的举止，是生活静力造型的动作。那么，在生活中，这些站姿代表的其实并不仅仅是一个姿势，它还能反映出一个人的性格以及对他人的看法。

（1）代表自信的站姿

一个充满自信的人站立的姿势是这样的：背脊挺直、胸部挺起、双目平视，给人一种豁达乐观、器宇轩昂、高瞻远瞩的感觉。脊背挺直是告诉外界自己有强健的体魄，任何困难都压不倒自己；胸部挺起，是告诉外界自己充满了信心，做好了挺身而出的准备；双目平视，是告诉外界自己的理想在远处的地平线，就算是前面有暴风骤雨，自己也会风雨兼程。自信的人性格开朗、落落大方、心胸豁达，是结交朋友的不错选择。

（2）代表随和的站姿

一个性格随和的人，站姿也是随和的，他们经常双脚自然站立，左脚在前，左手习惯放在裤兜里。这种人的人际关系较为协调，平常嘻嘻哈哈，厌恶钩心斗角，他们从来不把给别人出难题当作一种乐趣。同时，当他们遇到别人给出的难题时，总会想办法合理地解决，或者干脆再把问题推回去，所以，这种人是可以信赖的。

需要注意的是，性格随和并不代表着软弱可欺。无伤大雅地开他们的玩笑，他们会一笑了之，但如果不小心触动了他们内心最深处的东西，他们照样会大为光火，长久压抑在心底的怒气一旦发作起来，威力不可小觑。

（3）代表无所谓的站姿

我们在和对方交谈的时候，对方双手交叠放在自己的前面，眼睛看着我们，脸上带着微笑，我们一定会以为自己的话语打动了对方，但实际上根本就不是那么回事儿！对方这种站姿，说明对方根本就没有在意我们说的话，只不过出于礼貌在敷衍而已。不信，有一个很简单的办法可以验证：请对方做出一个重要的决定，他会说："哦，现在？对不起，我要和我的合伙人商量一下！"

（4）代表另类的站姿

人的性格多种多样，有一种人的性格特别另类，这种人具有强烈的自我表现欲望。在公共场合，他们特别愿意成为大家视线的焦点，为了实现这一目标，他们甚至不惜做出一些过火的举动来。这样的人在社交场合看似如鱼得水，但实际上真正的朋友并不多，更多的时候，别人是在和他逢场作戏。要发现这种性格另类的人并不困难，除了衣着、发型、言谈举止等与众不同外，他的站姿也和别人有很大的区别：双脚自然站立，每隔一段时间，就习惯性地抖动一下双腿，双手十指相扣在腹前，大拇指相互来回搓动。

（5）代表萎靡的站姿

人总有遇到困难和挫折的时候，前途的不顺利会导致人的精神状态萎靡不振，这是可以理解的，但是我们必须尽快从这种萎靡中解脱出来，鼓起勇气，去迎接新的挑战。如果我们在困难挫折面前只会怨天尤人，那么我们将陷进萎靡颓废的深渊里去。

长时间的萎靡颓废，会让人形成弯腰驼背的站姿，整个人的腰是弯曲的，这是由于内心的消沉和封闭造成的。一旦有一天他走出了这种萎靡的状态，连他自己都不会想到自己弯了很长时间的腰会一下挺直起来。

当我们面对着一个弯腰驼背、唯唯诺诺的人的时候，我们的交流方式要更加细心、温和，要通过精心设计的交谈进入他封闭的内心世界，要通过温和的话语鼓励对方摆脱消沉，只有对方走出了这种萎靡的精神状态，我们和对方的合作才有可能变得有效而真诚。

（6）代表愤怒的站姿

一个人愤怒的时候，他的身体会朝前倾，脖子也会朝前伸出去，恨不得把自己面孔所有细微的变化都让对方看个清清楚楚。这个时候，他的怒火已经积蓄到了一定的程度，只需要一个火星，他就可以暴跳起来。如果这时他的双拳紧握，手臂微微发抖的话，那么一场肢体冲突就难以避免了。

有的人愤怒的时候表情也许不会变化这么强烈，他可能会双手交叉抱于胸前，两脚平行站立，你不要以为这是一种平和的表现，实际上对方这种站姿具有强烈的挑战和攻击意识。这种人本性里就带着好勇斗狠的基因，他们更喜欢体会击败对方带来的快感。

（7）代表呆板的站姿

性格呆板，站姿同样会不自然，这种人的站姿通常非常正规，远远看去像是个军人，但近距离观察，你就会发现：其实他这种貌似正规的站姿里根本没有精气神，也就是说他只有一个军人站姿的外壳，却没有军人的气质。

这种人的个人意识比较强，通常会认为大家都不如自己，在对待问题的看法上也比较偏颇，常常把事情简单地归结到是非、黑白、对错、好坏两个方面，拒绝承认中间状态的存在。和这样的人交往的时候，如果想尽快拉近和他们的距离，不妨从清洁、明快的交往环境和教科书般的办事程序入手，这样容易获得对方的好感。

以上就是我们常见的几种站姿代表的不同的性格特点，需要注意的是，随着对方的心理发生变化，这些站姿会交替出现，这也是人性格善变造成的，需要我们根据现场的具体情况，调整自己的交际策略。

❖ 有关"坐立不安"的那些事

有一位著名舞蹈家曾经说过这样一段话："舞蹈中，腰部始终保持在与地板平行线上移动，是舞蹈的基本要领之一。这样，才有可能给观众带来安定感。"换句话说，舞蹈是凭借着腰部的稳定，而表现出精神上的安定感。所以，腰部的作用不仅仅限于肉体上，也担负着支持精神的角色。也可以这样说，腰部是表达人类精神语言的一个媒体。

比如，用低姿态待人，不仅仅解释为身体的腰围部位放低的意思，更有精神上居低下位置的意义，以之明确表示对他人的"谦逊"。弯腰鞠躬的姿态，就是这一心理的表现。

另外，弯腰的动作也能表现出另一个不同的意义，它比谦虚的态度更进一步，能演变成服从对方的心理状态。

莫里斯博士曾这样说过："人具备着和其他灵长类动物的共同特征，即用蹲、悲鸣等动作做出基本服从的反应。人把各种服从的表示予以形式化，连蹲的行动本身也演变成了跪伏、叩拜等动作。人把自己的柔弱的形态，呈现在跪下、鞠躬、作揖等礼仪上。人之所以会做出这样的行动，是为了在居优势者面前将自己的身体放得更低。相反，人在向他人威吓时，则用力挺直腰背，尽可能地将自己的身体增高、扩大。"

放低腰部、采取低姿态的动作，表现出了服从对方、压抑自己的心理。

除此之外，关于腰部的动作也很多。比如，两手叉腰的动作，常出现在准备上场的运动员身上，这是表示自己已做好了充分准备，打算决一雌雄了。同样，在争吵的双方中，有一方决心向对方一决高下的话，他也会采用双手叉腰的姿态。

还有些人，他有将双手拇指插入腰间皮带部位的动作，这一动作显示出他要威慑对方。

人在站立时，腰部的动作传达出了身体的语言，那么，当人坐下或蹲下身，臀部会"说"些什么呢？

坐的动作，同样也因人而异。

有的人会把身子像猛扔出去一样，一屁股重重地坐下；有的人则慢慢地、轻轻地坐下；有的人在坐下前会拉一拉裤子；有的人会把身子深深地陷在座位里；有的人只浅浅地坐半只屁股……这种种坐姿，无不坦白地说出了各人的心理状态。

不管面对的是初识还是熟人，猛然摔坐在椅子上的人，表面上似乎是一副不拘小节的样子，其实，他的心理状态和表面上的情况完全相反。这种看上去随意的态度后面，深深地隐藏着内心的极度不安。这种坐态，出自不愿被对方识破真正心情的抑制心理。尤其是面对初次相识的人，这一心理更加强烈。采用此种坐姿的人，在他坐下来以后，往往会表现出心绪不安、不时地移动屁股或心不在焉的神态。

对于那种舒适地深陷在座位中的人，是在向他人表示着自己的心理优势。因为坐的姿势是处于人类活动上的不自然状态，坐着的人必然在潜意识中存在着立即可以站起来的心理。这在心理学上，称为"觉醒水准"的高度状态，随着紧张情绪的解除，该"觉醒水准"会随之降低。于是，人的腰部逐渐向后挪动，变成身体靠在椅背、两脚向前伸出的势态。采用这种坐姿的人，很难一下子就从座位上站起来，这说明，他认为面对他人不必过分紧张，也不必担忧对方会侵犯自己，他有充分的自信可以统御对方。所以深陷在座位中的坐态，是在向你发出"优越"的信号。

相反，那些浅坐在椅子上的人，即只坐半个屁股的人，乃无意识地表现出自己居于心理劣势，而且缺乏精神上的安定感。在对方面前，他处于从属的地位。

但也有这种情况，他的屁股浅浅地坐在椅子的边缘，手肘搁在大腿上，双手松弛地悬荡着，采用这种坐姿的人，表现出一种好奇心，觉得正在谈的问题很有趣。

当人们心中准备要向对方让步、合作、购买、接受意见或要征服对方时，就会移动屁股坐到椅子的前端。

有一种俗称为"猴子屁股"的坐姿，即坐在座位上犹如坐在针毡上一样不安宁。其实，出现这种情况的问题并不在于座位的好坏，而是此人在精神上感觉到了一定的压力。当你在听课或听报告时，如果内容枯燥无味，就会像猴子一样坐立不安，但一旦话题变得十分有趣时，这种现象会烟消云散。

科学家经过一系列的观察和研究，积累了许多有关"坐立不安"的人的资料，他们发现大部分人坐立不安是由于下列原因：

（1）太疲倦了。

（2）对他人所说的话不感兴趣，无法专心地听。

（3）生理反应告诉他们一个特别的时间已到，比如，午休的时刻已到，该休息了。

（4）他们的座椅不舒服，或有虫咬等。

（5）他们另有心事。

一个人想做出某种决定时，不但会在座位上坐立不安，而且还会无意识地猛扯裤子。等到下了决心之后，这些动作就会停止。因此，我们可以借此作为标准，判断出对方是否处在想做决定而尚未做出的时候。

接下来，再看看腹部的身体语言。

漫画家总是把富翁、领导阶层的人画成大腹便便的形象，这就是所谓的"器宇轩昂"的人。俗话说，宰相肚里能撑船。人们多以腹大来形容一个人的气度大。一般来说，气度非凡的人很少会有缩腹弓背的姿态出现。

大腹便便者，把自己身上最脆弱的部位挺起突出在他人面前，说明他自视优越，对他人不防范，自信、满足、轻松的态度。

反之，采取紧收腹部的蜷缩姿态的人，正被一种不安的、不满足的、消沉的或沮丧的心情支配着，处于防御心理状态。

这里有一种有趣的现象。当别人对你表示坦率和友善时，则经常会在你面前解开外衣的纽扣，甚至脱掉外衣，袒露出自己的腹部。专家们观察后得出结论，在一个商业会议上，当讨论者开始脱掉外套时，便可以判断出，他们所讨论的某种协定，有达成的可能。不管气温多么高，当一个商人觉得问题尚未解决，或尚未达成协议时，他是不会脱掉外套的。解开上衣露出腹部，表示该人对对方不存有警戒心理。

就如其他的态度一样，开放的姿态也会鼓舞其他人产生类似的感觉。我们发现，解开外衣钮扣的人，达成协议的比率高于不解开钮扣的人。很多采取防卫姿态的人，会把原先敞开的外衣重新扣上，而对于某些乐于改变心意的人，他会本能地将外衣的扣子解开。

有一位新娘提到，在她夫家举行的宴会中，要区别出谁是这个家庭中的成员，对她来说非常困难。但是有人要这个新娘凭借着身体语言猜一猜，谁是这个家庭的正式成员，谁是这个家庭的朋友，总共要猜10人。她只凭着那些人将外套脱掉或是解开扣子来猜，结果猜对了8人。而她猜错的两个人中，一个是20年来一直参与这个家庭事务的老朋友，他的衣扣是解开的；另一个虽是家庭成员，他的扣子却是扣上的，因为他很少参与这个家庭的事情，是个"独行侠"。

所以说，在跟人交谈之中，由解开上衣纽扣、将腹部敞开的态度，便可以看出他已将防备对方的警戒心完全解除，采取了开放自己的势力范围的势态。

和解开扣子相反的是直接勒紧腹部，这表现在腰带和皮带的束法上。比如，重新束紧皮带和腰带的动作，可以看作有给自己打气的意图。像练武的人一样，束紧腰带是为了下腹用力，凝气于丹田。所以束紧皮带是为了借此举增强胆识和意志力，面临再度的挑战。

还有一种现象，在久坐的情况下，我们常见某些人不断地用手整理皮带，做出放松的动作。当然，除了因饱餐而肚子胀的原因外，这种举动也存在着心理上的因素。当他对那个场合的气氛感到疲倦时，便会凭借着放松腹部，使自己的精神从紧张或压抑的状态中得到解脱。这也可以被看作是放弃了继续努力的意志，或是向对方宣布暂时休战的举动。

处于对立关系中的人们，经过一场钩心斗角的较量后，一旦达成了协议，为了表示自己有雅量，常常会拍一下自己的腹部。这一动作，常见于中年人身上。

无论男女，在与异性见面时，无意识中身体都会发生变化，对可预想的行动产生相适应的身体状态。通过仔细观察我们可以见到此人脸、颊、眼部等处的肌肉都绷紧了，给人一种表情活泼、生动的印象。特别引人注目的是，平时腹部松垮的男性，这时紧缩下腹，便全身呈现出一种青春气息，这即表示，他进入了备战状态。

一般的男性在异性面前都会做出这种动作，女性能敏感地觉察到男性的这种无意识的动作，这即所谓的男子汉气概。所以腹部松弛的男人，是不太受女性欢迎的。

另外，当一个人强忍着即将爆发的愤怒时，或当他感到强烈兴奋之时，腹部会因为呼吸的急促而起伏不停。具有神经质性格的人，或心中有所不安的人，会用手抚摸腹部，按揉肠胃等内脏器官。

❈ 肩部的活动最容易引起别人的注目

肩动作能表达的语言范围很广，它表现了威严、攻击、胆怯、安心、防御、勇毅等多种身体语言的信号。

从生理解剖的角度来看，肩部处于手臂和身体的连接部位，因此能起到缩小和扩大势力范围的作用；同时，由于肩部较接近他人的视平线，所以肩部的活动十分容易引起别人的注目。

美国的身体语言专家劳温博士分析说："当人在心中积压了满腔的不平、不满而愤怒异常时，他会把双肩往后缩；耸肩则表示着不安、遗憾或恐怖；使劲地张开肩膀的牵连动作代表着有强烈的责任感；而当自己因为担负着重大的责任，感到了精神上的沉重压力时，会无意识地把双肩向前挺出。"

以上这些肩膀的动作，有些是西方的常见动作，如耸肩的动作，东方人并不惯用；但是，不论有何区别，有一点却是大家所公认的，即肩部常被看作是象征着男性尊严的敏感部位。

古代武将穿戴的盔甲、现代军人配戴肩章，都在有意强调肩部，以夸耀自己的威严。现代的西装在肩部填入了垫肩，使肩膀看起来更宽阔厚实，这跟故意地耸起肩头的动作同属一理，意在显示自己的男子汉气概，并威吓对方。

既然肩膀显示着男性的尊严，一旦遭人侵犯，对方会做出什么反应来呢？

也许你有过这样的经验：在街上行走，不留心踩了他人的脚，只要说声"对不起"，双方就会相安无事。要是你猛然撞了别人的肩膀，尽管你赶紧道了歉，对方至少会瞪你一眼，换了你自己，恐怕也会窜起一股无名之火。

男性为了表示自己的男子汉气概，常常故意把大衣披在肩上。历来的将军和统帅，都有肩披披风的装饰法，这也是为了体现自己的威严，扩大自己的势力范围，强调自己的统御权。现代不再时兴披风，男人们便有将大衣或西装上衣搭在一边肩上走路的举动，这流露出了其要充分表现男性气概的心理。凡是把衣服搭在肩上走路的男人，绝对不会采用弯腰驼背、衰弱无力的行走姿势，他们必定是挺起胸、迈开大步地走着，这种姿态常常出现在中青年男性身上，而老年人很少会采用这种姿势。

耸起肩膀是为了夸耀自我，缩起肩膀的意义就与它相反了。缩肩是一种缩小势力范围的动作，是防御心理的反应。它表示了身态语言上的"不愉快""困惑"和"疑虑"。外国人的缩肩动作，除了表达上述意义外，还有"惊愕"和"冷笑"的意味。换句话来说，缩肩说明了这个人对面对的事物提不起精神来，有企图避开对方攻击的意味。

两人在面对面的交谈时，如果一方想要避开对方犀利的话锋，则不宜采用双肩正面对着对方，承受挑衅的姿势。这样的姿势只会更激怒对方，并在自己的心理上造成重大压力。在这种情况下，你不如采用斜着一侧肩膀面对对方来倾听其谈话的姿势。

这种用肩膀侧对他人的姿势，既不是正面接受对方的挑战，更不是一开始就想畏缩逃避的姿势，而是处于静观对方的态度变化的警戒状态。

如上所述，肩膀的动作无论是在积极的意义上还是在消极的意义上，均能最直截了当地将自我的存在传送给对方，一个人的肩部是绝对不能轻易让他人侵犯的部位。然而，如果彼此之间是亲密的朋友，却又另当别论了。我们可以从一个人容许对方侵入自己肩部势力范围到何种地步，来确定他们之间的亲密程度。

比如，如果他们两肩相依，或者手与肩互相接触的话，可以确认这两人的关系十分深厚。朋友之间在街上相遇，会采取一手搭在对方肩上同行的姿势，这等于是在说："老朋友，干得不错吧！""嗯，好极了。你呢，我的好伙伴？"

这一动作如果用在父子或上下级之间，意义也相同。

但在另一种场合，用手拍打对方肩膀，却有着双重的意义。比如，当你受到了处分时，或职工被上司劝其辞职之时，也会出现一方拍打另一方肩膀的动作。一方面，这是在说："我对你是友好的，之所以会做出这一决定，乃是迫不得已。"另一方面，他是借表示同情而拍对方肩膀之机，擅自闯入代表着你男性尊严的部位，这是轻视人格的表现。用拍肩膀的动作巧妙地把友好意识和威慑态度结合在一起，可以看作是一种软硬兼施的行为。

不管怎么说，肩与肩或手与肩的互相接触，确实是走向心与心的沟通的第一步。

❖ 注意防卫自己的心脏部位

由于人类的直立行走，使胸部最需要保护的心脏部位全面向外暴露，所以从胸部传达出的身体语言，深深地遗留着自我防卫的本能。在中国古代武士的盔甲上，总要装上厚厚实实的护心镜，便是一明显的例证。

在中国，用手紧贴心脏部位来表达自己的忠诚或可靠，已沿袭成俗。比如，清朝下属拜见上司的礼仪中，就采用单膝下跪，一手按胸、一手按地的姿势。历代的绿林好汉、江湖侠客们遭遇到对手时，为了表示自己无敌意，也总是双手抱拳于胸前行礼致意。

其实，用手护胸的动作，还暗隐着保护自己的意义。因为既然把自己放在他人的下属或对等的地位上，在优势感消失的情况下，我们更有必要注意防卫自己的心脏部位。

男人经常故意采用暴露心脏弱点部位的姿势，来传达某种信号。比如，高高地挺起胸脯的姿势，是在无声地表示着他的自信和得意。胸脯挺得过分的高，则变成了十分傲慢的意思。对这种过高挺起胸脯的姿态，会使别人受不了，而发出"那家伙摆什么臭架子"的怨言。

挺胸而全面暴露自己弱点部位的姿态，说明他完全不把对方放在眼里，毫不在乎对方可能会发起的攻击，在精神上他处于绝对的优势地位；同时，挺胸的举动也是他竭力扩大自己势力范围的一种表示。

通过观察可以看到，西方的政客、律师等从事专业性工作的人，常会摆出手插入西装口袋或是两手按着西装衣领边、将胸脯挺起来的姿态，这也是轻视对方，尽可能扩大自己势力范围的表现。

总之，挺胸者绝对属于在力量上、精神上占上风的人。

与挺胸的动作相反的，是双臂交叉着横抱在胸前的姿势。这是一种保护自己身体的弱点部位、隐藏个人情绪以及对抗他人侵侮的姿态。这种防卫的信号，甚至带有敌意的暗示。

这种双臂交叉于胸前的姿势，是日常生活中常见的姿态。这种姿势几乎在世界各地都表达着同一种意义——防卫。

这种姿势，也通常表示着否定和拒绝。有些人自顾高谈阔论，没有留意到自己摆出了抱臂于胸的姿势，这样，他的滔滔言论非但不能说服对方，反而会起到刺激对方的作用，使原本愿意和他亲近的人逐渐疏远。每当我们发现对方采取这种姿势时，就表示他想结束这场谈话，你应该知趣地收起自己的滔滔长谈。

人体胸部的反面是脊背。背部所表达的身态语言，亦是十分精彩的。

从解剖学的角度来看，背部比胸腹部更平，似乎是难以表现人类感情的部位。不但如此，人们为了掩盖自己的真实感情，不让他人看清自己的表情，往往采取背转身子的动作，把一个平平板板的脊背对着对方。难道背部只能帮助人们隐藏感情而不能表达复杂的心理活动？不，事实恰恰相反：转过背以隐瞒自己感情的方法，恰恰暴露出了他内心的复杂和矛盾。

背部所发出的身体语言，有三种表达方式。第一种，是从它的形态上来显示；第二种，是从转身的方向和角度来表示；第三种，是从势力范围方面来说明，各种与他人背部所接触的方式。

从背部的形态上，可以判断出一个人的内在个性。一般而言，挺直脊背的人，律己甚严，充满自信，然而，却容易受到刻板思维的束缚。换句话说，这种人信心充足而灵活机动不够。

美国非语言情感传达的研究学者尼伦伯格在他所著的《解读人心的技巧》一书中指出："知道应如何提高业绩以便使自己晋升的人，必然采取堂堂直立的姿势，以此明确表示自己充满了自信。"我们从小就接受着"要做一个光明正大、顶天立地的人"的精神教育，这"顶天立地"的外在表现，就是挺直脊梁。尼伦伯格在他的书中又说："只要撑开肩膀，挺直腰杆，消沉的情绪自然会消失，而产生一种振作奋发的气概。"由此可见，挺直腰背的动作和人的精神状态有极密切的关系。

当打开电视机收看歌舞节目时，你会发现，那些美声唱法的歌唱家，一般都采取挺直脊背、直立不动的姿态；而那些演唱流行歌曲的歌手，却总是载歌载舞地做出许多洒脱的动作来。那些直立挺背的歌唱家，十有八九都接受过严格的正规音乐训练。只要他往台上一站，就会不由自主地严格约束自己，透露出他对自己演唱技巧的自信。

从身体语言的理论可以引导出，采取弓着背的姿势，意在封锁胸、腹等要害部位，是一种不让他人侵入自己的势力范围的防卫性姿态。所以弓背者一般不求自我表现，举止慎重且又好自我反省，这是性格孤僻的外在表现。

如果在人前不但弓着背，而且还低下头、闭起眼，则表示畏惧对方，在精神上完全居于劣势。"诚惶诚恐"一词所描述的，便是蜷缩身体、藏头缩尾的姿态。

再比如，两人对坐，一人采取挺直脊背的姿态，而另一个却弓着背，该作如何解释呢？那个挺直脊背的端坐者，可以说是在本身和对方之间筑起无形的墙，不愿接受对方的意见，该姿势隐藏着坚决拒绝对方的心理。而弓着背者，显然居于劣势，他不是在检讨自己，便是在乞求对方的帮助。然而，如果挺直脊背者不改变姿态，就表明他不会接受弓背者的要求。

再来分析"转身"的动作。转过背去，对男性来说表达着拒绝对方的意思；但对于女性来说，则另有一层意思，我们以后再说。

此外，在多数人在场的情况下，转身的意义多少又有点不同。比如，在有他人在一旁的地方打电话时，即使交谈的内容并不会直接被他人听到，此人也常会做出转身背对他人视线的动作。从这一动作我们可以猜测到，他谈话的内容属于在商量疑难问题或秘密性的事情者居多。这一动作也是在向他人发出"不要走近我"的信号。

在双方接触之中，拍对方的背或互相勾肩搭背而行，是非常惯用的动作。拍背的动作，属于互相触摸的范畴，有着多种不同的意义。

父母拍子女的脊背，表示着亲热和信赖；如果是上级拍下级的背，则在无声地表示："去吧，我希望你能完成这一任务。"暗喻鼓励和打气。

在同性朋友之间，或在亲属之间，在年龄不同但关系较亲密的男女之间，拍背的动作，往往表示着对某一个问题彼此有同感或共鸣，或是表示十分激动和互相敦促的意思。比如，你去看球赛，想必经常目睹到这样的情景：当一方获胜时，队友们互相轻轻拍打着背部或互相搂住肩背，以示共享喜悦。所以搂住对方的背部，也有借肉体的接触，把自己的情绪传达给对方的意义。

总之，互相抚摸背部的动作，可以看作是为了加强关心对方，或追求更深人际接触的表现。

测试：别人眼中的你究竟是什么样的?

下面这个测试，是美国权威的心理学博士菲尔·麦格劳在著名的脱口秀主持人欧普拉·温弗瑞的节目里做的测试题，被世界各国的心理测评中心引用借鉴。进行测试时，请以现状为标准，认真作答。

1.一天之中，你何时感觉最好？

A.早晨

B.下午及傍晚

C.夜里

2.你走路时是

A.大步地快走

B.小步地快走

C.不快，仰着头面对着世界

D.不快，低着头

E.很慢

3.和别人交谈时，你常常：

A.手臂交叠站着

B.双手紧握着

C.一只手或两手放在臀部

D.碰着或推着与你说话的人

E.玩着你的耳朵、摸着你的下巴或用手整理头发

4.坐着休息时，你的习惯是：

A.两膝盖并拢

B.两腿交叉

C.两腿伸直

D.一腿蜷在身下

5.碰到搞笑的事时，你会：

A.一个欣赏的大笑

B.笑着，但不大声

C.轻声地咯咯地笑

D.羞怯地微笑

6.当你去一个派对或社交场合时，你会怎么入场？

A.很大声地入场以引起注意

B.安静地入场，找你认识的人

C.非常安静地入场，尽量保持不被注意

7.当你非常专心工作时，有人打断你，你的反应是：

A.欢迎他

B.感到非常恼怒

C.在上述两极端之间

8.下列颜色中，你最喜欢哪一种颜色？

A.红或橘色

B.黑色

C.黄色或浅蓝色

D.绿色

E.深蓝色或紫色

F.白色

G.棕色或灰色

9.临入睡的前几分钟，你在床上的姿势是：

A.仰躺，身体伸直

B.俯躺，身体伸直

C.侧躺，身体微蜷

D.将头枕在一手臂上

E.蒙头盖被

10.你经常梦到自己在：

A.身体下坠

B.打架或挣扎

C.找东西或人

D.飞或漂浮

E.你平常不做梦

F.你的梦都是愉快的

评分标准：

每个选项后边的数字代表该选项的分数，根据自己的选择统计出测试的总分数：

1.A.2分　B.4分　C.6分

2.A.6分　B.4分　C.7分　D.2分　E.1分

3.A.4分　B.2分　C.5分　D.7分　E.6分

4.A.4分　B.6分　C.2分　D.1分

5.A.6分　B.4分　C.3分　D.5分

6.A.6分　B.4分　C.2分

7.A.6分　B.2分　C.4分

8.A.6分　B.7分　C.5分　D.4分　E.3分　F.2分　G.1分

9.A.7分　B.6分　C.4分　D.2分　E.1分

10.A.4分　B.2分　C.3分　D.5分　E.6分　F.1分

【结果分析】

低于21分：内向的悲观者

人们认为你是一个害羞的、神经质的、优柔寡断的，是需人照顾、永远要别人为你做决定、不想与任何事或任何人有关的人。他们认为你是一个杞人忧天者，一个永远看到不存在的问题的人。有些人认为你令人乏味，只有那些深知你的人知道你不是这样的人。

21~30分：缺乏信心的挑剔者

你的朋友认为你勤勉刻苦、很挑剔。他们认为你是一个谨慎的、十分小心的人，一个缓慢而稳定辛勤工作的人。如果你做任何冲动的事或无准备的事，你会令他们大吃一惊。他们认为你会从各个角度仔细地检查一切之后仍经常决定不做。他们认为你的这种反应一部分是因为你的小心的天性所引起的。

31~40分：以牙还牙的自我保护者

别人认为你是一个明智、谨慎、注重实效的人，也认为你是一个伶俐、有天赋、有才干且谦虚的人。你不会很快、很容易和人成为朋友，但是一个对朋友非常忠诚的人，同时要求朋友对你也有忠诚的回报。那些真正有机会了解你的人会知道要动摇你对朋友的信任是很难的，但相等的，一旦这信任被破坏，会使你很难过。

41~50分：平衡的中道

别人认为你是一个新鲜的、有活力的、有魅力的、好玩的、讲究实际的而永远有趣的人。你经常是群众注意力的焦点，但是你是一个足够平衡的人，不至于因此而昏了头。他们也认为你亲切、和蔼、体贴、能谅解人。一个永远会使人高兴起来，并会帮助别人的人。

51~60分：吸引人的冒险家

别人认为你有着令人兴奋的、高度活泼的、相当易冲动的个性；你是一个天生的领袖、一个做决定会很快的人，虽然你的决定不总是对的。他们认为你是大胆的和冒险的，任何事至少会愿意试做一次；是一个愿意尝试机会而欣赏冒险的人。因为你自带刺激气息，他们喜欢跟你在一起。

60分以上：傲慢的孤独者

别人认为对你必须"小心处理"。在别人的眼中，你是自负的、以自我为中心的、极端有支配欲、统治欲的人。别人可能钦佩你，希望能多像你一点，但不会永远相信你，会对与你更深入的来往有所踌躇及犹豫。

别笑，我是超有趣的心理学

❖

第 四 章

❖

动之以情：让别人喜欢你原来这么容易

❖ 引导效应：用TA的观点说服TA

如果，你懂得从对方的立场上考虑问题，并将对方在意、看重的事情以及支持的观点很好地结合到自己的事情以及观点里，这样对方多半会支持自己的观点以及支持自己想要做的事情。

对于这种从对方最在意的事情上去引导对方，支持自己所说的、所做的事情的策略，心理学上将其称为引导效应，简单概括就是：从对方在意和支持的观点着手，将自己的观点融合到对方的观点中，然后用对方的观点去说服对方。

对于这一策略，大多数人并不陌生。例如，当你让一个人去做一件事情的时候，他多数时候可能并不愿意。但如果你从他的角度提起这个话题，并引导他自己对此事去发表意见，采取措施，然后你从他的观点以及做事情的策略中，找到你想要的信息，并总结性地提出，这时你会发现对方多半会接受你。因为他发现，接受你的意见事实上正是接受了自己。

汽车大王福特就曾说过："所谓的成功策略就是，从他人的角度去考虑问题，用'推己及人'的思维去看待各种事物。"

而用对方的观点去说服对方，之所以如此奏效，是因为每个人的观点不同、立场不同，看待问题的角度就会不同。而人们往往又都会对自己的利益加以重视，考虑更多。所以，当你从对方的观点以及对方关心的事情上去说自己想要表达的事情时，对方在意识中往往会形成"这也是自己的想法"的印象，进而更愿意接受你。

虽然用对方的观点去说服对方，更利于对方支持自己的观点，但在运用的时候，也要掌握方法以及相关的注意事项，这样才更容易让他人接纳自己的观点。

（1）用对方的观点说服对方，要善于运用先提问后总结的方式去说

在你向对方说一件事情的时候，要想引起彼此的共鸣，引导出对方的意见以及观点，那么你在开始的时候，就要善于运用提问的方式，引导对方进入你们的对话中。而当一个人表达较多的时候，你便能很好地抓住他观点中的某一部分，然后融合进你想要表达的观点中。这样再去说给对方听，征询对方的意见，相信他多数时候是不会拒绝的。

例如，你准备拜访隔壁新搬来的一对夫妇，请他们为社区的某项工程募捐。直接开门见山提出要求，结果可能会遭到对方的白眼，使你陷入尴尬之中。但倘若你主动地去拜访一下，然后和主人聊起一些相关的事情，待主人发表完自己的观点后，你再向对方说："既然你关注这件事情，那就不如加入吧！"对方多半不会拒绝。

（2）用对方容易接受的方式去说服对方

有时你会发现这样的现象，在你试图左右他人的时候，提出问题只是一个方面。如果能够通过问题，站在对方的立场去诱导，则会获得更佳的效果。

每个人的观点不同、立场不同，看待问题的角度就会不同。而人们往往又都会对自己的利益加以重视，考虑更多。所以，当你从对方的观点以及对方关心的事情上，去说自己想要表达的事情时，对方在意识中往往会形成这其实也是自己想法的印象，进而更愿意接受你。

❖ 认同效应：一开始就让对方说"是"

所谓认同感，简单说就是指人对自我及周围环境有用或有价值的判断和评估，而每个人对自己的这些判断和评估往往又会渴望得到周围人的肯定和认同，进而产生与众不同的愉悦心情。

安安在芝加哥的一家电话公司做调解员。有段时间，公司曾遇到这样的事情：一名客户不仅拒绝交纳费用，而且在一段时间里，还对电话接线员口出脏话，甚至恐吓电话公司，要拆毁电话线路。最让电话公司感到吃惊的是，她的这种行为越来越猖狂，竟然公开地向公共服务机构和法院提出诉讼，给电话公司带来恶劣影响。

无奈之下，电话公司只好派调解员前去调解。可几个调解员去了之后，不仅没有调解成功，而且还被这名客户恶狠狠地骂了一通。后来，安安接手了这个头疼的任务。到了对方的家里后，还没等安安开口，对方就急着向她抱怨起电话公司的不是。安安理解似的回答道："您的心情我能理解，要是我，我可能也会这样……"随后，她又开始抱怨电话公司的收费不合理。安安同样没有拒绝，而是连连点头，暗示对方说得有理。

安安的同情似乎一下打开了对方的心门，她开始诉说起自己的不幸遭遇，提到自己那没有良心的丈夫。说到激动时，甚至一度歇斯底里地咒骂起来，骂这样的男人没有好报……安安也是随声附和道："是的，好人有好报，您以后的生活一定会比和他在一起更幸福。"

最终，安安成功地说服了她，她高兴地答应安安，以后再也不找电话公司的麻烦，并承诺她一定按时交纳相关费用。

前述故事中，安安调解运用的方法其实很简单，就是允许对方说出自己的观点，并先默认对方的观点是正确的，跟着对方走，而在走的过程中，她们的关系也便亲近了许多。当彼此关系较为亲近的时候，她再去说服对方，对方就很容易会赞同她的话。

要想有效地得到他人的支持和赞成，在开始与对方交谈的时候，你首先要做的就是避免对方的拒绝。也就是说，要学会接纳对方、认可对方，引导对方说"是"，进而增强对方对你的认同感。这样一来，你往往更容易接近对方，也更容易得到对方的支持。

在开始的时候引导对方说"是"，增强其对你的认同感。例如，当某个学生一开始便在各方面表现积极，成绩也好，并且多数时候一直处于优秀的状态，那么时间久了，即使这名学生犯了一些错误，老师也会在对他的肯定心理作用下，觉得这没什么大碍，只不过是偶尔的小疏忽。相反，如果一名学生从开始的时候便在各方面都表现不好，调皮捣蛋、搞恶作剧……那么时间长了，老师势必会觉得他就是一个不听话的学生，进而在否定对方的心理作用下，即使这名学生后来变得听话了，老师可能也会觉得他这是碰巧。

这便是不同认同感带来的不同的心理变化，而这也进一步说明，要想得到对方的支持，首先你要学会认可对方，接受对方，引导对方说"是"。只有这样，你才能得到对方的认同，进而获取你想要的。

此策略之所以奏效，是因为当你接受对方的观点时，对方会从你那里得到尊重和认同，进而对你表现出友好、认同的态度。而当一个人认同你的时候，对你所说的很多事情以及观点，便会表现出浓厚的兴趣，甚至直接点头说"是"，这样你也自然而然地会得到对方的支持。

此外，你还应该明白这样的道理，如果你在开始的时候，不接受对方想要说的事情，不认同对方的观点，而是一味地强调自己的东西，那么对方势必会产生排斥心理，进而拒绝你。既然对方在第一时间就把你拒之门外了，你就是再有能力也是白费，因为没人给你这个机会。

虽然在开始的时候，吸引对方说"是"，有利于对方接纳你的观点，但在实施的时候，也要掌握方法，具体如下。

（1）吸引对方说"是"，要善于接纳对方

吸引对方对你的认同感，最重要的是你要善于接纳对方。也就是说，在开始的时候，你要能接纳对方的观点，听他把话说完，在说的过程中，还要尽量符合他的想法，顺着对方去说，对他有个认可。人们对于能认可、肯定自己的人，往往会多出几分好感。而当一个人不反对你，对你产生认同时，你再去说自己的观点，他在多数时候是不会拒绝的。

（2）肯定语气能吸引对方说"是"

在与对方交谈的过程中，不同的语气会给对方留下不同的印象，形成不同的感觉。尤其是在得到对方认同后，再陈述你想要让对方支持你的事情时，肯定语气往往是增加别人对你所说事情的认同感和支持的首要条件。例如，当你在说一件事情的时候，尽管是征询对方的意见，但你在说的时候，也可以带上一句："这样好吧！你看这么办行吧！你同意了吧……"这些带有肯定的词语，在一定程度上，往往容易引导对方对你所说的事情产生认同感。而当对方认同你所说的时候，你也便赢得了他的支持。

要想有效地得到他人的支持和赞成，在开始与对方交谈的时候，你首先要做的就是避免对方的拒绝。也就是说，要学会接纳对方，认可对方，吸引对方说"是"，进而增强对方对你的认同感。这样一来，你往往更容易接近对方，也更容易得到对方的支持。

❈ 标签效应：给对方贴上重要的暗示

外界信息往往会在每个人心中形成心理暗示，而你所贴标签的信息，无疑会给予对方以重要的暗示。要知道，有时候对方可能并不知道自己有某种特点或者特性，但当你用语言或者其他方式直接告诉他，认定他具有这种倾向的时候，他就会对这种特性格外注意或者格外用心，进而也会情不自禁地表现在行为上。

文森·伦巴底是一名严厉的足球教练。在一次比赛中，他所带球队的一名守门员在比赛时出现多次不应有的失误，几次让球直接射进了球门。那场比赛他们输了，他为此很生气。比赛刚一结束，他就训斥了这名守门员。训斥后，那名守门员沮丧地走进了更衣室。

见状，文森·伦巴底也走进了更衣室。在更衣室里，他摸了摸对方的头发，轻轻拍了拍他的肩膀说："别泄气，我之所以批评你，是因为以我的眼光，认定你将来会成为一个出色的守门员，所以才会那样做。"后来，这名守门员成为球队50年来最出色的明星球员，他就是杰里·卡拉姆。

而杰里·卡拉姆在总结自己足球生涯的回忆中，也曾提到过这件事情。他说，伦巴底那句话对他产生了巨大的推动作用，使得他在日后的训练中更加积极，在比赛中也更加专注。

为什么文森·伦巴底的一句话，就能让杰里·卡拉姆在日后的训练中更加积极，在比赛中更加专注呢？事实上，文森·伦巴底运用的策略就是心理学中的"标签"效应。也就是说，正是他给对方贴上了一个"如果他努力，将来他将成为一个球队出色守门员"的标签，才让对方产生了符合这种特性的力量。

对于"标签"效应，心理学上也将其称作"投影效应"，简单概括就是，个体被一种词语或者一种期望贴上标签时，就会产生相应的行为，进而按照标签做出自我形象的策划与实践。

正因为"标签"效应具有这样的特性，当人们试图说服他人，让他人按照自己的想法做事情，或者让他人更心甘情愿地按照自己设计的方向走，那么你就要学会根据自己的要求，给对方贴上相应的标签。例如，你希望对方下次不要迟到，那么你在传达自己意思的时候，便可以适当地向对方表达出："我一直觉得，你是一个守时的人，相信你今后不会迟到。"而多数时候，你会发现，如果你真给他贴上了"他是个守时的人"的标签时，他还真的就不会迟到了。

相反，如果某个时候，你希望对方不要成为拖后腿的人，于是，时刻叮嘱他，你每次都拖后腿，这次一定别成为拖后腿的人。多数时候，你会发现你的话以及预判，就像灵丹妙药一样，对方果真又成为最后一个。这其实也就是贴上不同标签所起到的作用。

标签效应之所以如此奏效，是因为外界信息往往会在每个人心中形成心理暗示，而你所贴标签的信息无疑会给予对方以重要的暗示。要知道，有时候对方可能并不知道自己有某种特点或者特性，但当你用语言或者其他方式直接告诉他，认定他具有这种倾向的时候，他就会对这种特性格外注意或者格外用心，进而也会情不自禁地表现在行为上。如果你说某个人唱歌好听，你会发现他在唱歌的时候，会真的格外用心地去唱，以凸显他唱歌真的好听这个优点。

贴标签固然有利于他人向着你所设想的方向发展，但在运用的时候也须掌握相关的注意事项。

（1）给对方贴标签，要符合你的需求去贴

贴标签的关键，不是对方本来什么样，而是你应该根据需求，想要对方什么样。也就是说，你希望对方什么样，就要将其贴上什么样的标签。例如，如果你希望公司里的某个员工能做得出色，有个好的业绩，那么你就要学会给对方贴上他能做出出色业绩的标签。

（2）给对方贴标签的时候，要真诚

马克·吐温曾说过："一句诚挚的赞赏之词，既可让他人心情舒畅，又可成为推动他们再创佳绩的动力。"给对方贴标签，同样需要真诚，因为只有当你真诚地给对方贴上他具有这方面特质的标签时，他才会觉得你说的话是真的，不是虚假、做作地吹捧，进而才会心甘情愿地朝着你所说的方向发展。

（3）给对方贴标签也可以间接地贴

当你给对方贴标签的时候，也可以适当地当着他周围朋友以及亲戚去说，这样效果有时会更佳。例如，如果你当着其他人的面，说他这个人是个热心肠的人，他多半会表现得更加热心肠。

❖ 亏欠心理：让别人感觉到你的好

当自己得到他人好处时，内心深处会感觉欠着对方点什么，进而在这种心理驱动下，一点儿好处便会被无限放大，即"亏欠心理"引发的不等价交换，而这正是小恩小惠的储藏变成利息高涨的主要原因。

张强刚30岁，便已经是一家拥有多家连锁店的餐饮企业的老板了。对于自己的成功，他曾这样说过："我的成功，来自于我懂得感情投资。"就拿他对待公司的员工来讲吧，每个进入公司的员工，不管是管理层还是最基层的服务人员，在报到的第一天，都要到他办公室秘书处登记自己的生日。

到了每个人生日的那天，作为老板的他都会送上一份个人生日礼物，还会允许对方休假半天。这样，员工们在生日当天，便可以和家人、亲戚、朋友一同欢度美好的一天。除此之外，每到圣诞节以及各种节日的时候，他还会给员工们准备不同的小礼物以及纪念品。

对于这些行为，张强认为这些小礼物以及小纪念品虽然不值多少钱，大家也并不会在意，但是给与不给，留给员工的印象却完全不一样。

"亏欠心理"在某种程度上，属于互惠原理的一个特性。主要是说，在人们的潜意识中，当别人给自己一点恩惠或者好处的时候，内心深处往往会产生亏欠之感，于是，为了平衡这种亏欠之感，在日后的相处中会经常想方设法地去报答对方。

正因为人们对他人的小恩小惠以及各种情谊会产生亏欠之感，所以，那些聪明的人才能很好地利用它为自己服务。例如，在生活中，卖烟酒的老板在卖给对方几条烟的时候，有时会顺便给对方一个打火机；卖水果的小摊贩在称完水果算完钱后，有时还会给买者一个小水果……他们之所以这样做，是因为想通过自己的行为，让对方产生"亏欠"心理，进而在下次购物的时候，可以再次光顾。

同样，有些名人也是利用"亏欠"心理，来以此成功的。比如，军事家拿破仑懂得给将士赠予名誉与头衔，并通过这样的方法，激发了将士内心的"亏欠"感，从而更忠诚地支持他，帮助他完成称霸世界的野心。

此外，在人际关系中，如果一个人接受了别人的恩惠，哪怕是小恩小惠，如果不回报的话，也容易遭到他人的孤立和反对，进而不受欢迎。于是，多数时候，即使迫于周围人的压力，也会产生亏欠感，进而给他人以回报。

既然人们容易产生"亏欠心理"，并经常会在这种心理驱使下对周围的人产生感激不尽、投桃报李的情怀，那么，你便可以很好地运用此项效应为自己服务。

（1）让别人产生"亏欠心理"，重在平时下工夫

虽然给人恩惠有利于让对方产生"亏欠心理"，但在运用此方法时，也要讲究策略。也就是说，给人恩惠不能表现得太过功利，而是重在平时下工夫。

只有平时的帮助以及馈赠，才更能彰显你对对方的好，也更利于人们对你产生感情，觉得欠你个人情。当对方觉得和你关系好，对你有感情，又欠你人情的时候，你再求助于他，他还会拒绝吗？相信一定不会，恐怕多数时候就是你不提，当对方知道你有这方面意向的时候，也会积极主动地帮忙。

（2）你能够利用的是让别人感觉到你的"好"

生活中，当你帮助他人，并且和他有往来的时候，你们之间便基本构建出了感情的链条。有了感情做纽带，让他接受你的观点、意见等，相信他一定不会拒绝。到这时，"亏欠"感带来的不等价交换，定会让你受益匪浅。

❖ 互惠原理：与人相处先付出一点

人与人之间的关系，会随着平时联系以及小事间的交往，变得越来越亲密。你经常多付出一点，多帮助人一点，你们之间的感情便会更加深厚。这样当你要求对方做事情的时候，对方才会念在平日你对他的好而无法拒绝你，进而帮你完成你想要完成的事情。

在北方航空公司有一位特殊的乘客。无论是他还是他的亲戚朋友，每次旅行以及出行的时候，只要乘坐飞机，便会首选北方航空公司。究其原因，这位乘客曾描述过这样的场景。

一次，他乘坐北方航空公司的飞机去深圳。由于工作需要，他随身携带了一些资料。飞机到达深圳机场后，他拎着这些资料向机舱口走去。刚到机舱门口处，一位空姐便微笑着递给他两块小方布，并亲切地说："先生，请您用它裹着点绳子，以免勒到您的手。"他被空姐细心而周到的服务所感动。于是，从这以后，他便会经常建议他的同事、朋友以及家人出行乘坐飞机的话，一定要选择北方航空公司。

空姐一句细心的关心，换来了乘客终身的光顾。为什么会出现这种现象？对此，心理学家认为，这是因为心理学上的"互惠原理"产生了作用。

什么是互惠原理呢？简单地说，就是别人给了你一颗糖，你就会有还给对方这颗糖的心理。即使是不还，多少也会产生一种愧疚感，进而想着在其他方面去偿还。主要表现为，行为孕育同样的行为，友善孕育同样的友善，付出也会孕育同样的付出，你怎样对待别人，别人就会怎样对待你。

互惠原理告诉人们，要想更有效地"掌控"事情，你就要懂得主动地向对方付出一点。这样对方往往就会在"互惠心理"的影响下，你的付出也会有所回报。

对此，英国玄学诗人约翰·邓恩说过："每一种恩惠都有一枚倒钩，它将钩住吞食那份恩惠的嘴巴，施恩者想把他拖到哪里就得到哪里。"而那些聪明且成功的人，无疑是最懂得运用此策略的人，并且他们总能很好地在生活中主动地付出一点，以便更好地赢得人心。

女诗人伊丽莎白·布朗宁和丈夫之所以能够一直保持甜蜜、恩爱的夫妻关系，和她在彼此相处时，主动付出一点有很大的关系。

在生活中，每天在丈夫离开家时，伊丽莎白·布朗宁都会站在门口向丈夫挥手告别。在丈夫下班回到家后，她也经常会微笑着向丈夫打招呼。所以，经常是只要丈夫稍稍有些不高兴，她就会细心地发现，并适当地给其关心和帮助。后来，伊丽莎白·布朗宁生病了，她曾一度消沉。但是就在此时，她每日关心的丈夫对她不离不弃，并且经常给予她细心的关心和照顾，让她感觉到生活的阳光和色彩。她在给她妹妹的信中这样写道："现在我很自然地开始觉得，我或许真的是一位天使。"

从女诗人伊丽莎白·布朗宁的经历中，你不难发现，在她生病的时候，她之所以能够得到丈夫的关心和照顾并且一直保持着深厚的感情，和她在平时生活中积极付出、主动关爱丈夫不无关系。

其实，何止夫妻之间，生活中即使与别人相处也应该主动关心对方一下。只有你主动关心对方，平时多付出一点，对方才会对你感激不尽，甚至会对你产生投桃报李的感情。而当一个人对你感激不尽，有着投桃报李的感情的时候，你再要求他为你办事情，相信他一定会积极地响应。

此外，人与人之间的关系，会随着平时联系以及小事间的交往，变得越来越亲密。你经常多付出一点，多帮助人一点，你们之间的感情便会更加深厚。当你要求对方做事情的时候，对方才会念在平日你对他的好而无法拒绝你，进而帮你完成你想要完成的事情。

你需要掌握一点运用此项策略的方法。

（1）你要懂得欲取先存的道理

在生活中，大多数人都是："当别人对自己好后，自己会想尽办法地对他更好；当别人给予自己帮助后，自己会自然地想着回报他……"例如，关系一般的朋友请你吃了一顿饭，下次再见面的时候，你便会本能地觉得，自己应该回请他。如果不请的话，你心里可能就会有点过意不去，觉得亏欠人家点什么，或者觉得有些不好意思。就在你们相互请客的过程中，你们已经变得熟络了。关系熟络之后，你再有事情求他，他能不鼎力相助吗？

（2）得意时留人情，失意时才好借"伞"

互惠原理在与人交往中之所以有着如此大的功效，关键在于它在某种程度上，可以拉近人与人之间的感情。因为，一旦人们有恩于他人时，对方就会碍于要回报你，以及觉得欠你点什么，产生一定的人情债。

而当别人感觉到自己欠你或者觉得想要回报你这份人情，而你又需要他帮助，以及拜托他帮忙的时候，他会表现得更积极。即使是他原本不愿意帮忙、不想做或者不喜欢的事情，也会因为你先前的付出，让他有所改变。

❖ 边际效应：把握分寸感，别画蛇添足

生活中，哪怕你想通过给予对方好处的方法，去赢得人心，赢得对方的喜欢、爱戴，在给予对方好处、关心以及爱护的时候，也要找对时机并把握好分寸，不能犯本末倒置、画蛇添足的错误。

可心一直想和安然成为朋友，但一直没有机会。最近，可心听说安然和相处多年的男朋友分手了，便想着安慰安然一下，以凸显自己对安然的情谊。

于是，可心先是打个电话，对安然进行了一番问候。从可心的话语中，安然知道可心打电话的好意，并对她说，现在过得还可以，因为早在几个月前他们就已经结束了，只是周围的人不知道而已，几个月的时间，让她早已对这段恋情想透彻了。同时，安然在电话里也委婉地表示可心以后不要再提这件事情。

可心觉得安然说的只是碍于面子的托词，所以想着自己应该让她开心点。于是，一个多星期后，她又约安然一同逛街。两个人见面后，彼此的心情还都不错，但中间可心又提起了安然分手的事情，并不停地安慰她：事情已经过去了，想开点，分手就分手了，没什么大不了的……其实，安然本来心情不错，也根本就没想起自己分手的事情，但可心这么一说，她又不得不将那本来尘封的往事再次忆起。尽管她知道可心提到这事只是出于关心，也知道她这次是善意的邀约，但她还是觉得不想日后再被此事干扰了。所以，她在日后更不喜欢与可心交往了。

从前述故事中，可心想交安然这个朋友，而安然也知道可心是好心好意地安慰她。但为什么可心看似一腔热情的付出，却没有得到安然的理解呢？从可心对安然的关心上，可心是糊涂的，她的糊涂之处就是触犯了心理学中的大忌："在别人心情低落时，你不仅没有做到雪中送炭，却还犯了画蛇添足的错误。"可心的这种做法，事实上，在心理学中是犯了典型的"边际效应"错误。

所谓边际效应，也被称为边际贡献，是指消费者在逐次增加一个单位消费品的时候，带来的单位效用是逐渐递减的。后被人们总结为：生活中，人们在固定的时间段内，重复获得相同报酬的次数越多，这一报酬的后来追加部分对他的价值也就越小。

对于这一效应的寓意，其实并不难理解。例如，在你口干舌燥的时候，如果有人给你一瓶水，你在喝第一口的时候，会感到非常解渴，进而对给你水的这个人印象深刻；但当你喝足了，不渴的时候，这个人再递给你水的时候，你可能就会感觉多余了；如果这个人继续给你水，并强烈要求你喝的时候，你可能就会对他产生几分反感了。

小雅和丈夫刚结婚的时候，并不受婆婆待见。但经过半年的相处，小雅和婆婆的关系大为好转，婆婆更是亲切地称呼小雅为"我姑娘"。

周六，婆婆要去医院做体检，她全天一直陪伴在婆婆左右。周日，婆婆要去自己闺女家，她同样陪同婆婆去了。但这次她没有全程陪同，而只是把婆婆送去后，小坐了一会儿，就回到自己家中了。

婆婆一直想要买一件外套，但自己上街不方便。所以，她逛街的时候，就自作主张地给婆婆买回来了。婆婆看到后非常高兴，一直夸奖她眼光好。几周后，婆婆的外孙子过生日，婆婆要给他挑选礼物。小雅没有像上次那样自作主张地去自己买，而是陪同婆婆一起在儿童商场里面挑选玩具。

而正是这些在不同的场合表现出的不同做法，以及对婆婆的关爱，才让婆婆最终认可了她这个儿媳妇。

从小雅改善婆媳关系，并能够很好地赢得婆婆的认可这件事情上，不得不说她的确有着自己的聪明过人之处。而她这一系列举动，也向人们揭示出这样的道理，时时刻刻地去关心、帮助他人，的确是必要的。但在关心、爱护以及帮助的时候，要想更好地调动别人对你的好感，就要掌握好尺度，不能犯了"画蛇添足"的错误。同时，还要掌握好相关的注意事项以及方法。

（1）给人好处要懂得雪中送炭

经常会有这样的体会，在自己饿的时候，别人哪怕给一个包子，自己对他也会印象深刻。在自己失意、痛苦的时候，别人哪怕只是一句安慰、一声问候，也能让自己记忆犹新……这就告诉人们，在自己给对方好处的时候，一定要掌握好度，要学会给予对方"雪中送炭"般的关心，这样才更容易赢得对方的好感，也更利于你拉近彼此间的关系。而当你赢得对方的好感，彼此关系又不错的时候，你想要的事情一定不会特别难办。

（2）给人好处不能过了头

很多人总是认为在别人不是很需要的时候帮一下忙，就能顺手送个人情，进而让关系更加亲密，但有时结果却并非如己所愿，甚至还会遭到对方的反感。为什么会出现这样的现象呢？因为有些事情，根本不需多此一举，对于这类事情，你要是做过了、做多了，就容易犯下物极必反、画蛇添足的错误，进而招人反感。而当别人反感你的时候，他又怎么会答应你的请求呢？

❖ 先机效应：争执时请主动道歉

你主动向对方道歉的时候，对方往往会为你的首先让步感到有些内疚，甚至有些羞愧。要知道人们往往有这样的心理，虽然争执时大家都各执己见，不肯让步，甚至想着说服对方，赢得这场较量才好，而一旦对方做出让步了，自己心里反而忐忑起来，会认为自己太过小肚鸡肠，不够大量，有失心胸。

王杨是某公司刚上任的副总，为了更快地了解公司的情况，也为了新近推出的项目可以快速地进入实施阶段，他刚上任便立即召集大家开工作会议，询问相关事宜，也想征求一下大家的意见，可在工作会议上，管理层中的一位资历较深的人员和他的意见不一致，并且一再强调自己的主张，几乎将王杨的计划全盘否决。这让王杨感到很恼火，他和这名管理层进行了激烈的争辩。

双方各持己见，严重时，甚至争得面红耳赤，直拍桌子。但是，争论到最后，他还是没能说服对方支持自己。最后，他只好无奈地宣布，下次开会再讨论。

两天后，他再次召集了大家开会，对上次的工作进行讨论。在会议正式开始前，他先是因为上次自己的情绪过于激动，向这名资历较深的高级管理人员道了歉，并说自己年轻气盛，希望老同事包容他。一时间，让本来对他怒火中烧的老同事也有些不好意思，连连点头说自己也有责任，自己太固执己见了。结果，他们双方都做了让步，而王杨的主张也得到了这名管理人员的支持。

从王杨的这件事，你会发现，他的聪明之处就在于懂得通过主动道歉的方法，去赢得人心，进而占得先机。对于这种策略，心理学上将其称作占得先机策略。

心理学上，对于占得先机策略的解释是，通过各种方法，在做事情的关键时刻，赢得场上主动权，决定未来形势的重要时机。而在与对方争执或者闹矛盾时，主动道歉无疑是取得主动权、占得先机的重要技巧。

两个人在发生争执或者闹矛盾时先主动道歉，有利于人们占得先机，是因为当你主动向对方道歉的时候，对方往往会因为你的首先让步而感到有些内疚，从而大多数情况下，会站在你的角度做出让步。

此外，你还应该明白这样的道理，不管双方谁对谁错，当你主动向对方道歉的时候，一定有利于修补双方的关系，让彼此本来有些紧张的关系得到缓和，同时，还有利于消除彼此间的隔阂、裂痕，甚至是矛盾、争执等问题。而当你们之间没有太多的隔阂和矛盾时，你再耐心地让对方支持你，多数情况下，对方是不会反对的。

但是，你在向对方主动道歉的过程中，很多人可能还会有这样的顾虑，认为自己先道歉了，对方不接受，自己岂不是陷入尴尬之地，很没面子。事实上，大多数人都希望自己和周围的人和平共处，都不希望自己和谁发生分歧、争执。而一旦发生的时候，他们本身会觉得自己陷入了窘境，有些尴尬。于是，大多数人也会想着尽量大事化小、小事化了为好。如果这时你再能及时地去让步、道歉，让他可以顺着台阶下，进而缓和你们之间的紧张关系。

现将具体方法以及相关注意事项介绍如下。

（1）道歉要针对态度去道歉，而不是你所坚持的事情

虽然道歉利于占得先机，但道歉并不是目的，目的是让对方体会到你的让步。这就要求在道歉的时候，用词要清晰明了、准确无误，让对方真切地体会到，你是在谦让他，是对他礼貌上的让步，而不是你放弃了自己原有的观点，一味顺从对方的观点，更不是因为害怕、畏惧对方才要道歉的。

也就是说，在你道歉的时候，要学会针你们之间当时情绪失控时引发的态度上的激烈碰撞，而不是对你们争论事情的本身有所让步。只有这样去道歉，你才更容易坚持自己的观点，同时又能赢得对方的认同。

（2）不能为了些无关痛痒的事情去道歉

有时，人们会错误地以为，在小事情上向别人道歉，更容易得到对方的原谅和认可，也更容易赢得人心。但事实却是，在有些无关痛痒的事情上，你的道歉很容易给人风马牛不相及的感觉。

要知道，有时也许对方根本没在意，但你又正式地去和人家说这个事情，结果反而使问题更加复杂。往好了说，人们会觉得你对问题本身仍是"两眼一抹黑"，往坏了说，别人会觉得你这是在故意找不快。结果，就使得本来没多大矛盾的两个人，反而觉得有了隔阂。而当有了隔阂后，在很多事情上，对方对你可能就不会表现得那么积极了。

测试：你的人际交往死穴在哪里？

你在学校度过的时间里，特别是那段心理上极度叛逆的时期，你觉得老师身上最不能让你忍受的是什么？

A.情绪不稳定，容易"歇斯底里"，对学生实行精神压迫。

B.专制，不听取学生的意见。

C.不公平，偏袒所谓的好学生。

D.对学生使用暴力。

【结果分析】

选A：你不懂得克制自己的情绪。

这个选择其实就是自我缺陷的自然暴露。你一有什么不如意的事就会"歇斯底里"，不是四处大声叫嚷，就是突然大声哭泣……你这种自我表现的方式过于幼稚，而且很容易引起别人的情绪疲劳。为了使你人际关系更加融洽，你必须对周围的人多一份爱心，同时要注意克制自己的情绪。

选B：你不懂得听取他人建议。

你具有站在阵列前沿将周围人猛推向前的统率能力，在集体中往往起着决定性的作用。但是你需要有多吸取一些周围人意见的谦虚态度，否则，最终有可能谁也不会再顺从你。你的缺点就是很少听取他人的意见和建议。

选C：你不善于扩大交际圈。

你可能有一些心理恐慌症的表现。你的交际范围容易往纵向深入，但很难横向扩展，你往往把自己讨厌的人彻底排除在外，似乎只愿意与某一些特定的人建立更好的关系，所以，你属于不善扩大交际圈的一类人。你甚至会要求与你关系亲近的友人"不要与不喜欢的人交往"。你应该要懂得博爱的内涵。

选D：你容易伤害别人。

你这样的处世方式是很危险的。你的缺点是动辄变得粗暴无礼。你的问题不仅表现在行为上，而且在言语上也表现很强烈。假如是因为对方态度恶劣导致你正当防御还情有可原，而你却往往是稍不如意就出手或出口伤人。你一定要注意控制自己的情绪，否则你会很容易和不了解你的人发生激烈的矛盾。

第 五 章

❖

来点幽默：天下没有搞不定的事

❈ 巧设悬念：吊人胃口再妙解谜团

巧设悬念幽默，是幽默技巧中最常用的一种。这种幽默一般是先把自己的思路引入对方思维的轨道，然后，来个急转弯，把对方置入困惑的境地，即让对方"着了你的道"，再用关键性话语一语道破，起到画龙点睛的作用。让听众出乎意料，捧腹大笑。

在日常生活中，人们经常会遇到这种情形。只要充分调动起你的思维，就既能让你的聪明才智得到发挥，又能让你达到目的，这才是最重要的。幽默的最高境界即在于此。

从前，美国有个倒卖香烟的商人到法国做生意。一天，在巴黎的一个集市上他大谈抽烟的好处。突然，从听众中走出一个老人，径直走到台前，那位商人吃了一惊。

老人在台上站定后，便大声说道："女士们，先生们，对于抽烟的好处，除了这位先生讲的以外，还有3大好处！"

美国商人一听这话，连向老人道谢："谢谢您了，先生，看你相貌不凡，肯定是位学识渊博的老人，请你把抽烟的3大好处当众讲讲吧！"

老人微微一笑，说道："第一，狗害怕抽烟的人，一见就逃。"台下一片轰动，商人暗暗高兴。"第二，小偷不敢去偷抽烟者的东西。"台下连连称奇，商人更加高兴。"第三，抽烟者永远不老。"台下听众惊作一团，商人更加喜不自禁，要求解释的声音一浪高过一浪。

老人把手一挥，说："请安静，我给大家解释。"

商人格外振奋地说："老先生，请您快讲。"

"第一，抽烟的人大都驼背，狗一见到他就以为他是在弯腰捡石头打它呢，能不害怕吗？"台下笑出了声，商人吓了一跳。"第二，抽烟的人夜里爱咳嗽，小偷以为他没睡着，所以不敢去偷。"台下一阵大笑，商人直冒大汗。"第三，抽烟人很少长寿，所以没有机会衰老。"台下哄笑不已。此时，商人早已不知什么时候溜走了。

这则幽默一波三折，层层推进，一步一步把听众的思维推向迷惑不解的境地，在把听众的胃口吊得足够"馋"时，才不慌不忙地表达出自己的意思。按照常规思维，抽烟是应该遭到反对的，因为抽烟的危害人所共知，当老人一言不发地走向大谈抽烟好处的商人时，一般都会认为老人要提出反对意见，而老人却也大谈抽烟好处。商人和听众一样大惑不解，因而急切地想知道原因。最后，老人以幽默的话语作了妙趣横生的解释。既让听众开心，又让听众从商人的欺骗性话语里走出来，意识到抽烟的危害性。因为他所说的3条好处其实正是抽烟的危害所在。同时，正面揭露了商人的谋利目的。

使用巧设悬念幽默术，须注意以下两点：

第一，不要故弄玄虚，让人不着边际。任何幽默都要求自然得体、顺理成章。如果做得很明显，不但不能让人感到幽默，反而会觉得无聊，甚至反感。

第二，做好充分的铺垫，最好能在听众的急切要求下再将"谜底"泄露出来，不要急于求成，让听众对结果产生错误的预料。然后再把结果娓娓道来，以使听众有个缓冲时间来领略幽默的趣味。

❖ 借梯登楼：斗智斗力不伤和气

借梯登楼式幽默，是借别人的梯子，登自己的楼。反映在生活中，就是借助对方说的话，巧妙地为自己服务，二者的话语前后不协调，并且出乎对方意料，幽默就轻而易举地产生了。

借梯登楼幽默，多用于交际中斗智性的场合。对方不怀好意，对你进行故意挑衅或诘难，甚至直接让你难堪，这在社交中是经常会碰到的情形。此时，你一定要冷静，不然对方的目的就得逞了。你可以抓住对方言语里的漏洞，作为一种过渡，并借此说出令对方感到难堪或意外的话来反击对方。对方攻击性的话，成了你"上楼"——反攻击的"梯子"，一反一正中，包容了许多不和谐的因素，这便是借梯登楼幽默的奥秘。

俄国大诗人普希金年轻时，有一天在彼得堡参加一个公爵的家庭宴会。他邀请一位小姐跳舞，小姐傲慢地说："我不能和小孩子一起跳舞。"

普希金灵机一动，微笑着说："对不起，亲爱的小姐，我不知你正怀着孩子。"说完，他很有礼貌地鞠了一躬，然后离开了。那位高傲的小姐在众目睽睽之下无言以对，满脸绯红。

普希金邀请那位小姐跳舞，碰了一个钉子，本来也没什么大不了。可是那位小姐无礼地称他为"小孩子"，却让他感到不快。他就故意地把"小孩子"转到贵族小姐身上，把其说的"我不能和小孩子一起跳舞"曲解成"不能带着肚中的孩子和他一块跳舞"，"小孩子"成了普希金"登楼"还击对方的梯子。普希金巧妙地运用借梯登楼幽默术，既保住了自己的尊严，又给对方以极大的讽刺和回击。

达尔文应邀出席一次盛大的晚宴。宴会上，他的身边正好坐着一位年轻美貌的小姐。

"尊敬的达尔文先生，"年轻美貌的小姐带着戏谑的口吻向科学家提问，"听说您断言，人类是由猴子变过来的，是吗？那么我也应该是属于您的论断之内的吗？"

"那是当然！"达尔文望了她一眼，彬彬有礼地回答，"我坚信自己的论断。不过，您不是由普通的猴子变来的，而是由长得非常迷人的猴子变来的。"

美貌的小姐想戏谑一下达尔文，以自己的美貌为手段去怀疑达尔文的进化论，意思是："猴子能变得这么美吗？"达尔文却借她的美貌为梯子："你的美，是由迷人的猴子变成的。"巧妙地登上楼，维护了自己的进化论，并且诙谐风趣。

只要你抓住对方话头中的某个词语或某种意义，就势发挥，表达出自己的意思，让对方意料不到，造成对方预期的失落和发现的惊异，幽默就随之而生。

借梯登楼的幽默，大多数是从灵活的头脑中产生出来的，幽默的技术或许能为你掌握，但实际的口才运用却没有时间容你巧妙设计。所以，即使掌握了这一幽默技法，机智、灵活这一基本素质也是极为重要的。

一天，上尉在早操前进行例行点名，发现竟然有9名士兵还没有回军营销假，他感到十分恼火。直到下午6点钟，第一个士兵才大摇大摆地冲着营房走过来。

"很抱歉，长官，"那个士兵满脸愧色地解释道，"我遇到了一件麻烦事，耽误了回来的时间。回来的路上，上帝，你想会发生什么样的事情？拉着我的马车的那匹马，不知因为什么突然死去，但我还是步行10多里路赶了回来。"

　　上尉听后满腹疑问，但还是原谅了他。然而跟着他之后，接连回来的7个士兵都是千篇一律地这样说。

　　当最后一个士兵回来的时候，上尉早已忍耐不住了，吼道："你又发生什么事呢？"

　　当士兵刚欲张嘴时，上尉大动肝火地咆哮道："不要再告诉我马死了！"

　　"是的，长官，"士兵振振有词地回答，"马并没有死，麻烦的是路上横躺着8匹死马，我的马车根本无法通过。不得已，我跳下马车步行了10多里路才赶了回来。"

　　这种应变的幽默技巧，具体来说，在不利于自己的情境中，言语要尽量多带一些保护性色彩，自我保护的倾向越重，产生的实际后果就越不严重，同时产生的幽默成分就越多。尤其对于日常生活对话而言，因为日常交往都应保持一种轻松的状态，为自由地发挥幽默提供广阔空间。在有些特殊的语言环境中，比如对方对你有挑衅性的言语，而你却完全不必买他的账，这样你可以将幽默融入讽刺和挖苦之中，幽默在这里就像是催化剂，使效果立竿见影。

❖ 冰释矛盾：用逻辑去征服他人

　　矛与盾，原是一对武器，矛盾一词源于一个古老的故事，即"以你的矛，刺你的盾"。一些古今幽默高手，用这种化解矛盾的方法，创造了许多幽默的佳话。

一次，一个农民来到铺子买东西，账房先生打趣地说："喂，你有几个爹呀？"

他回答说："我有3个爹，一个亲爹，一个丈人爹，一个干爹。"

答后，反问他说："账房先生，你有几个爹呀？"

先生望望他，觉得没趣，只好手拨算盘珠，装作没有听见。

农民说："哦，我明白了，原来你的爹多得数不清，还要用算盘数！"

账房先生本想讨别人便宜，自己却吃了亏。

一天，一个大腹便便的富翁，在街头碰到萧伯纳，富翁便取笑萧伯纳说："一见到你，我就知道世界上正闹饥荒。"萧伯纳是个出名的瘦子，听了富翁的话后，反唇相讥说："一看到你这个样子，我就找了世界正在闹饥荒的原因。"

传说美国一个百万富翁的左眼是一只假眼，与右边的真眼无异，有人恭维他说："你得左眼比右眼更像真的。"

一次他让大作家马克·吐温猜猜他哪一只眼睛是假的。马克·吐温指着他的左眼说："这只是假的，因为在这只眼里还有一点仁慈。"

这种巧妙的回答，既有攻击性也具有幽默感，但二者相比，其攻击性相对较强，其犀利的锋芒更甚于幽默的成分。马克·吐温的回答突出一个鲜明的思想观念——资本家是没有慈悲的，鲜明的思想观念越占优势，幽默的意味就越弱。

有一次，俄国著名作家、钢琴家鲁宾斯坦在巴黎举行演奏会，获得巨大成功。有一个习惯卖弄风骚又很客啬的贵妇人对他说："伟大的钢琴家，我真欣赏你的才华，可是票房的票已经卖光了。"

鲁宾斯坦心里清楚她想干什么，当然不想给她票，但是他没有直接拒绝，因为直接拒绝的攻击性太强了，锋芒太露，于是，他采用了把拒绝间接化的方法。

鲁宾斯坦平静地回答道："很遗憾，我手上一张票也没有。不过，在大厅里我有一个座位，如果您高兴……"

贵妇人大为兴奋地问："那么，这个位置在哪里呢？"

鲁宾斯坦回答："不难找——就在钢琴后面。"

这个座位当然是属于钢琴家自己的，对于贵妇来说毫无实用价值。但是，由于这个拒绝是间接的，直接语义上的"同意提供座位"和间接暗示座位的虚幻性形成反差，进而让人产生心理上较大的计划落差，于是便产生了幽默。

如果你要强化你的智慧，你就得尽可能用逻辑去征服他人，那就不要怕攻击性，甚至讲出一些格言和哲理来。

富翁问学者，为什么学者常登富翁之门，而富翁却很少登学者之门。学者回答道："这是因为学者懂得财富的价值，而富翁总是不懂得科学的价值。"

如果你要强化你的幽默，你就要把针锋相对的矛盾淡化、间接化。即使无法消除其中的攻击性，也要尽可能让读者去领悟、去体验。

❖ "偷梁换柱"：幽默地表达潜在意图

把概念的内涵做大幅度的转移、转换，使预期失落，产生意外，偷换得越是隐蔽，概念的内涵差距越大，幽默的效果越是强烈。

通常人们进行理性思维的时候，有一个基本的要求，那就是概念的含义要稳定，双方讨论的必然是同一回事，或者自己讲的、写的同一个概念前提要一致，如果不一致，就成了聋子的对话——各人说各人的。如果在自己的演说或文章中，同一概念的含义变过来变过去，那就是语无伦次。

看起来，这很不可思议，但是这恰恰是很容易发生的。因为同一个概念常常并不是只有一种含义，尤其是那些基本的常用的概念往往有许多种含义。如果说话、写文章的人不讲究，常常会导致概念的含义的转移，虽然在字面上这个概念并没有发生变化，但在科学研究、政治生活或商业活动中，概念的含义在上下文中发生这样的变化是非常可怕的。因而古希腊的亚里士多德在他的逻辑学中就规定了一条，思考问题时概念要统一，他把它叫作"同一律"。违反了这条规律，就叫作"偷换概念"，也就是说，字面上你没有变，可是你把它所包含的意思偷偷地换掉了，这是绝对不允许的。

可是幽默的思维并不属于这种类型，它并不完全是实用型的、理智型的，它主要是情感型的。而情感与理性是天生的矛盾体，对于普通思维而言它是破坏性的东西，对于幽默感则可能是建设性的成分。

有这样一则小幽默。

"马修，细心点！"老师说，"4加4等于几？"

"等于8，老师。"马修很有把握地说。

"你是怎么算出来的？"老师又问。

"您把书桌的4个角都砍掉就明白了！"马修终于说出了答案。

这一类幽默感的构成，其功力就在于偷偷地无声无息地把概念的内涵做大幅度的转移。有一条规律，偷换得越是隐蔽，概念的内涵差距越大，幽默的效果越是强烈。

这里有个更深刻的奥妙。

"您的批评无疑是正确的，我决心改正。"

"你这是第10次下决心了！"

"千真万确！这个批评我接受，我不再下决心了。"

偷梁换柱的结果，不仅是"虚心接受，屡教不改"了，而且是"拒绝接受，坚决不改"了。

又如："先生，请问怎样走才能去医院？"

"这很容易，只要你闭上眼睛，横穿马路，5分钟以后，你准会到达的。"

回答虽然仍然是如何去医院，却完全违背了上下文的含义。

这好像是胡闹，甚至有些愚蠢，可是，人们为什么还把幽默当作一种高尚趣味来加以享受呢？

这是由于在问的一方对所使用的概念有一个确定的意思，这个意思在上下文中是可以意会的，因而是不必用语言来明确地规定的。任何语言在任何情况下都有不言而喻的成分，说话的与听话的是心照不宣的。没有这种心照不宣的成分，人们是无法讲话的。因为客观事物和主观心灵都是无限丰富的，要把那种心照不宣的成分都说清楚，如果不是绝对不可能就是太费劲了。

事实上这完全不必要，在具体的语言环境中，人们并不需要像科学家那样对于每一个重要概念都给以严密的定义，明确规定其在含义和外部的范围。人们凭着互相的心领神会来进行交流，因而任何发问者并不需要详细说明自己所用概念的真正所指，对方也完全能心有灵犀。因而，发问者可以预期对方在自己的真正所指的范围内做出反应。

但是，幽默的回答却转移了概念的真正所指，突然打破了这种预期。预期的失落，产生了意外，这还不算幽默感的完成，幽默感的完成在于意外之后猛然的发现。

概念被偷换了以后道理上也居然讲得通，虽然不是很通、真通，而是一种"歪通"，正是这种"歪通"，显示了对方的机智、狡黠和奇妙的情趣。

概念被偷换得越是离谱，所引起的预期的失落、意外的震惊越强，概念之间的差距掩盖得越是隐秘，发现越是自然，可接受性也越大。

在许多幽默故事中，趣味的奇特和思维的深刻，并不总是平衡的，有时主要给人以趣味的满足，有时则主要给人以智慧的启迪，但是最重要的还是幽默的奇趣，因为它是使幽默之所以成为幽默的因素。如果没有奇趣，则没有启迪可言。

有这么一则对话，曾经得到一些幽默研究者的赞赏。

顾客："我已经在这窗口前面待了30多分钟了。"

服务员："我已经在这窗口后面待了30多年了。"

这个意味本来是比较深刻的，但是由于缺乏概念之间的巧妙联系，因而很难引起读者的共鸣。这看起来很像是一种赌气，并没有幽默。服务员并没有把自己的感情从恼怒中解脱出来。

相反的另一段对话。

编辑："你的稿子看过了，总的来说艺术上不够成熟，幼稚些。"

作者："那就把它当作儿童文学吧！"

作者利用概念转移法把自己从困境中解脱出来。他这样回答不但有趣味，而且又有丰富的意味让对方去慢慢品味了。因为被偷换了"儿童文学"的概念，不但有含蓄自谦之意，而且有豁达大度之气概。

❖ 画龙点睛：语不惊人死不休

语言是交通工具，它能表达人们的思想。有时你在选择语言时，喜欢用较长的句子，但是，有的时候，一句较短的句子也可以简明扼要地表达出你的意思。这叫作简练、短小。所以，在生活中，你可以选择那些优秀的简短有力的语言。

很多时候，一两句话就能起到"四两拨千斤"的力量。只言片语的"幽默"，就是通过层层铺垫之后，在这种假设之中，突然发生逆转，而表现出幽默的语气。所以，一语惊人是幽默产生的一种方法。

所谓一语惊人式的幽默，是指在经过多方渲染，多次铺垫之后，以一两句简单的语言作总结，这一句话往往出乎人们的预料，产生不可抵抗的幽默效果。一语惊人式的幽默是由这样几种要素组成的。在幽默的开始，往往要讲一些交代背景的常识，通过这样几句话，使对方明白你所要表达的意思，这时大家都对这一事件的发生逻辑有了大致的了解，并且大致可以猜到事情发生的结果。但是在事件的最后，却并没有按它的本身逻辑发生，而由这一句话点出了它的发展方向，揭示了它的与众不同的理解和结论，这时发生的突然逆转，引起了人们出乎意料的惊奇。使人们在这种惊异之中与前面的原意进行对比，这时这种强烈的意外就会让人们感到幽默。

　　幽默具有耐人寻味的艺术美感，但幽默与诗歌比较起来又需要新鲜感，诗歌要反复吟诵，通过反复吟诵而体会它的构思和韵味。而对于幽默，大多数情况下，人们在欣赏第二遍时，多数感到没有了那份刚开始的新奇感。究其原因，是因为幽默是由神秘莫测到完全明了的过程，它有一个"谜"藏在其中，一旦谜底被揭开，则会令人索然寡味。因此，好的幽默、令人记忆犹新的幽默都是取决于它的巧妙的程度。

　　"能告诉我，你为什么要从手术室跑上来吗？"医院负责人问一个万分紧张的病人。

　　"那位护士说：'勇敢点，阑尾炎手术其实很简单。'"

　　"难道这句话说得不对吗，她是在安慰你呀。"负责人笑着对病人说。

　　"啊，不，这句话是对那个准备给我动手术的大夫说的！"

　　这里人们按生活经验感觉护士那句话是用来安慰病人的，但是却不知道，在这里，这句话并没有按正常的理解方向去发展，而是出现了这种意料之外的结局。这种幽默通过病人一语惊人地说出了。

　　一天晚上某公司开职员大会。一开竟是3个多小时，问题还未讲完，这时，一位中年妇女站起身来转身向门口走去。

　　经理问："你干什么？陈女士，要知道会还没有开完呢！"

　　"我家里有孩子呀！"

　　过了20多分钟，又站起来一位年轻的少妇。经理问："你要去哪儿呀？你家里并没有孩子呀！"

　　"如果我总坐在这里开会，那么，我们家里永远也不会有孩子的！"

　　这位少妇的幽默主要是讽刺会开得太久，把生孩子的事情都给耽误了。这是一种不言而喻的暗示，但吸引你的是她的幽默感。

一语惊人式的幽默要注意，一忌"露"，幽默犹如谜语，不能过早地把幽默的成分泄露出来。"底"出现以前，一定要严守机密。二忌"俗"，幽默如果没有新意，只是重复别人的过去的笑话，也不能给人以强烈的幽默感，只会让人有一种似曾相识的感觉。

❈ 急中生"趣"：意想不到的上佳效果

情急之中的妙言巧答更能给人以趣味感。

世界是无序的，任何事物的发生都是必然性与偶然性的统一。这就是说，生活中我们经常要面对一些突如其来的事情，会觉得不知所措。但面对"急"来的事情，我们如果能够沉着应对，"急"中求"智"，往往能够带来意想不到的上佳效果。

所谓"才思敏捷，妙趣横生"式的幽默术就是在仓促面对问话时，充分调动全身的智慧，寻求"急"中而生的灵感，产生出令人信服的"智"的灵光。

演说家杰生在纽约演讲之前，决定先到一家名小吃店吃点东西。

"你是初来本店吧?"一位男服务员问他。

"啊！是的，这是一个很好的地方。"杰生说。

"你来得很巧，"男服务员继续说，"杰生今天晚上有精彩的演讲，我想你一定想去听听喽?"

"是的，我当然要去。"杰生说。

"你弄到票了吗?"

"还没有。"

"票已经卖完了，你只好站着听了。"

"真讨厌，"杰生叹了口气说，"每当那个家伙演讲的时候，我都必须站着。"

杰生吃完就走了，出门时被一位女服务员认出来了，对那位男服务员说："刚才那位是杰生。"

"啊！"那位男服务员忍不住哈哈大笑起来。

人在应急时，没有充分的时间去思考，所以面对问话，往往采用怪答、歪答的形式去机智应付。

有一位青年为了在女友面前显露才华，将自己的素描拿出来让她欣赏。

"不错，和我弟弟画的水准不相上下。"女友说。

"你弟弟是美术专业的吗？"

"不，他是小学三年级的学生。"

急中生智的另一种表现形式便是迂回曲答，即对对方的询问不直接作答，而是采用曲折迂回的方式进行应答。

小女儿："妈妈，几个孩子中你最喜欢哪一个？"

妈妈想了想，反问："十个手指头，你最喜欢哪一个？"

小女儿指了指小拇指。

于是，妈妈拿起剪刀，佯装要将小女儿其余的手指剪掉。

"不要剪，不要剪。"小女儿叫道，"我个个都爱。"

小女儿明白了，母亲是博大、无私的，不分彼此。

这位母亲的妙招，不露声色地平衡了微妙复杂的情感，对于小女儿的提问，这样该是最佳的回答方式。在此，幽默显示了无可替代的作用。

我们在运用"才思敏捷，妙趣横生"式的幽默方法时，语言一定要适度，追求以"智"服人。如果我们的语言没有一定的分寸，就会给人一种无理、耍赖的感觉，幽默更是无从谈起。

❖ 想要改变他人，就得充满趣味

幽默是快乐的催化剂，如果你想发掘幽默力量的潜力来平息人生中的"风暴"，与他人建立和谐的关系，并达成你的人生目标，那么赶紧将这力量付诸实施。幽默的力量不会自己产生，而是需要计划和练习来创造它、发展它，还需要勇气来接受它。

幽默容易辨认，但是不易分析，分析能帮助你运用幽默来创造幽默力量。当你把幽默付诸实践的时候，你要判断他人是如何反应的，必要的时候你要改变一下运用的方法。以幽默的力量来连接并引导你的个人生活、家庭生活和你的事业，然后看看结果如何。以新的人生观来面对穷困、失意或是烦恼的处境，于是，你便能增强自信心。

比如，刚做好的发型突然垮了下来，你可以这样对朋友说："我想一定是我要拿吹风机的时候，错抓了电动搅拌器。"又如，当你去剪头发，理发师把你的头发剪得太短了，尽管自己不满意，但还是以你的幽默力量来处理。你可以向他人解释说："理发师教我怎么保存头发，甚至还给了我一把扫帚和一个纸袋。"

幽默的力量也能够用来解除灰心失意时的痛苦，化解一些尴尬的场面。

有一次，美国钢琴家波奇在密歇根州的福林特城演奏时，发现台下的观众才不到一半。有些失望，但他很快调整好了情绪，恢复了自信，他走向舞台的脚灯，对听众说："福林特这个城市一定很有钱，我看到你们每个人都买了两三个座位的票。"

于是，音乐厅里顿时响起一片笑声。

居于领导地位的人能够帮助别人从新的观点来接受他，尽管彼此意见不同。

一位议员在发言时，看到座席上的丘吉尔正摇头表示不同意。这位议员说："我提醒各位，我只是在发表自己的意见。"这时候丘吉尔站起来说："我也提醒议员先生注意，我只是在摇我自己的头。"

很多人对政府的措施和政策可能会有一些不满，那么何必发牢骚、抱怨、诉苦呢？让妙语和警句的幽默力量成为你消气的活塞。

"在美国我们真不知道该如何给自己的孩子灌输金钱观念，因为我们连国会议员都教不会。"

"美国真是一个伟大的国家——每个人都可以有第二个家，第二部汽车和第二台电视机。只要你找到第二份工作，第二次抵押和第二个运气。"

"我们一向忽视了国内天然气的最大来源地之一——政治家。"

"美国是个制造奇迹的国度。人无法靠收入过活，但是他竟然也活过来了。"

"电价涨得太高的话，火炬就会成为地位的象征。"但是东方还有一句谚语说："为了节省用电而早早上床是不智之举——如果制造出双胞胎的话。"

其实你对任何不满、反对、错误或是不平，几乎都可以运用幽默的力量来扭转局面。认识问题，改变问题，解决问题，以你个人的观点对事情进行趣味的思考。

幽默力量可以帮助你以轻松的心情对待自己，让自己进行趣味的思考。那么你就能让别人发现你是个能冒险、敢尝试、能面对错误、真诚表露自己的人，于是，你便能打开人类沟通的途径。

幽默作家班奇利承认，他花了15年时间才发现自己没有写作的天分。

"这时为时已晚！"他说，"我无法放弃写作，因为我太有名了。"

当你能以轻松的态度来看待自己，而以严肃的态度来面对人生角色的时候，我们就肯定了自己的价值。

马克·吐温有一次在邻居的图书室里浏览书籍时，发现有一本书深深地吸引了他，他问邻居可否借阅。

"欢迎你随时来读，只要你在这里看。"邻居说，并解释道，"你知道，我有个规矩，我的书不能离开这栋房子。"

几个星期以后，这位邻居拜访马克·吐温，向他借用锄草机。"当然可以，"马克·吐温说，"但是，依我的规矩，你得在这栋房子里用它。"

就像马克·吐温一样，当你想要改变他人的态度时，常常需要用充满趣味的方式。

测 试：你外表和内心哪个更高大上？

1.快要吃晚餐了，你却感到肚子饿了，你会选择什么充饥？

一片面包—到第2题

一个苹果—到第6题

一些泡菜—到第4题

2.你可以做到一边看恐怖片一边吃东西吗？

可以—到第7题

不可以—到第3题

看情况—到第5题

3.看恐怖片的时候，你会刻意把电视声音关小吗？

会—到第8题

不会—到第9题

看情况—到第12题

4.你试过一个人晚上在家看恐怖片吗？

试过—到第7题

没有—到第3题

不记得有没有—到第11题

5.过生日的时候，你希望收到什么礼物？

自己想要的礼物，不需要惊喜感—到第8题

只要是别人送的，不管是什么都可以—到第13题

希望得到的礼物能实用—到第12题

6.下面3种连续剧，你喜欢看哪种？

古装片—到第10题

偶像剧—到第3题

美剧—到第5题

7.如果硬要你吃下面3种食物中的一种，你会选择：

沙虫—到第9题

河豚—到第14题

老鼠肉—到第12题

8.你最反感哪一种人？

故作清高的人—到第16题

自以为是的人—到第15题

圆滑世故的人—到第19题

9.要你独自在下面哪个地方生活一年，你绝对不愿意？

只有一张床的房间—到第15题

孤岛—到第18题

恐怖城堡—到第20题

10.被独自关在什么地方，会让你更恐惧？

电梯里—到第8题

古堡里—到第5题

夜晚的游乐场—到第13题

11.3个人比赛游泳，你觉得谁会赢？

瘦弱的男人—到第14题

强壮的女人—到第9题

灵活的小孩子—到第7题

12.如果以下所说的3个人中，有一个人戴了假发，你觉得是谁？

蘑菇头的女生—到第20题

大波浪的性感女郎—到第16题

棕色头发的小伙子—到第15题

13.相比之下，你觉得自己哪方面才能最差劲？

音乐—到第17题

写作—到第16题

绘画—到第19题

14.下面3种电脑游戏，哪一种会更吸引你？

网络游戏—到第9题

网页小游戏—到第19题

棋牌类游戏—到第18题

15.如果以下所说的3个人中，有一个是杀手，你觉得绝不会是谁？

个头矮小的中年男人—D

身材普通的女人—C

瘦弱的年轻小伙—B

16.你觉得下面所说的3种人，谁最寂寞？

心理医生—D

杀手—C

画家—E

17.如果下面所说的3个少年，其中一个是问题少年，你觉得是谁？

喜欢穿黑色外套的少年—F

头发凌乱而偏长的少年—E

牛仔裤又脏又旧的少年—第20题

18.下雨天，你有急事要出门，却找不到雨伞，你会：

穿上防水外套出门—A

淋着雨去打车—到第20题

带一个帽子出门—B

19.假如你有3个邻居，其中一个半夜总是唱歌，你觉得是谁？

妖娆的女人—F

又高又胖的男人—D

瘦弱的少女—E

20.你的戒指掉在地上不见了，你首先会从什么地方找起？

沙发底下—C

墙角—B

地毯边缘—A

【测试分析】

选择A：你外表的分数大大高过内心。

这不是说你内心分数不及格，而是你的外表太出色了。事实上，很多人在关注你外表的时候，就根本无心去了解你的内在到底是怎么个样子的。大多数人的目光都定在了你的脸庞上，压根就懒得去管你的内心是美丽还是丑恶。如果你想要别人更重视你的内涵，不妨多表现自己吧。

选择B：你内心的分数大大高过外表。

你很重视个人修养，对于你来说一个人的外表并不代表什么，而内心才最重要。道德对你来说是第一位的，内涵和修养还包括学识文化等等。你的一生都在不断地提升自己的自我价值，你不轻佻不浮躁，你聪慧勤奋，常常为自己充电，你乐于学习更多的东西。

选择C：你的内心和外表分数相当。

要想了解相由心生这个道理，看你就知道了。你的内心分数越高，外表的分数也就越高。虽然你的长相并不那么标致，但你属于耐看类型。越是跟你相处长久，就越是会发觉你的好看，因为你内心的美德都显示在脸上了。你的气质胜过父母给你的容貌。

选择D：你的内心分数略微高过外表。

看上去，你其貌不扬，但倘若肯了解你，就会发现，你其实是很有人格魅力的。很多人会因为你外表的平凡而忽略你的内在。大多数人的目光都被外表出众的人吸引了，而你普普通通的样子，实在是没有人会想到你其实是一本很值得读的书，是一本丰富的辞典。

选择E：你的外表分数略微高过内心。

也许你也和很多外表出众的人一样，更希望别人了解到你的内在，但你的外表才确实是最吸引人的。有时候你会因为一些利益而做出错误的判断。难免会令器重你的人觉得看错了人。但因为平时对你的了解，始终你在他人心中的地位还是很高，不会因为一次两次的错误就否定你。

选择F：你的外表和内心分数都忽高忽低，而且变数非常不一定。

事实上，拿的外表和你的内心去比是比不出什么结果来的。有的时候你很自律，而有的时候你又荒唐、放纵。你是个情绪化的人，心情好的时候什么都好，看什么都顺眼，而心情不好的时候对什么都不满意。这就是导致你内心分数忽高忽低的原因。

第 六 章

◇◈◇

逻辑思维：让你的言行充满影响力

❖ 以退为进思维：退一步再往前跳

当你向对方做出让步的时候，首先会给对方留下你妥协、让步的良好印象，进而使对方从你的退让中得到心理满足。此外，对方还会因为你的让步，在思想上放松戒备，而且作为回报，在一定程度上也会满足你的某些要求。但事实上这些要求正是你的真实目的。

矿物工程师海·哈蒙特毕业于耶鲁大学，在德国弗莱保做了3年的研究工作后，他想换一份工作。于是，他就去找美国西部的参议员琼斯特。

琼斯特是个顽固的现实主义者，他最不喜欢的就是那些一味讲理论的人。所以，他当时直接就对哈蒙特说："我最不满意你的地方，就是你曾经在弗莱堡做过研究工作。你一定是个擅长做理论的家伙，但我需要的是一个务实的工程师。"

哈蒙特忽然意识到自己该做点什么，以便可以向琼斯证明自己。于是，他侧着脑袋悄悄地对琼斯特说："我想和您说个事情，不过这事情您绝对不能告诉我父亲。"琼斯特点点头，以示答应了他。哈蒙特接着小声对琼斯特说："其实，在弗莱堡那3年，我什么都没学。"琼斯特一听，立刻说："那好，你明天就过来工作吧！"

从这个简短的场景中，你不难发现，哈蒙特之所以能够让琼斯特答应自己工作的事情，关键就在于他对自己在弗莱堡学习理论这件事情，做出了让步。随后他又迎合了琼斯特的意愿，说自己什么都没学到。言外之意，他没有学到太多的理论知识。这正是琼斯特想要的结果，所以琼斯特最终答应了他的请求。

试想一下，如果哈蒙特没有向琼斯特做出让步，没有对琼斯特说自己在弗莱堡什么都没学到的话，琼斯特还会答应他工作的事情吗？

答案可想而知，而哈蒙特运用的正是心理学中的以退为进策略。所谓以退为进策略，就是以退让的姿态作为进取的阶梯。"退"只是一种表面现象，实际上是为了获得更大的主动权。它主要表现为，在你提出问题前，要懂得给对方留下"讨价还价"的余地，以便使对方在报价或还价时体会到你的让步，满足他们的要求。

例如，在商业谈判中，那些聪明的谈判高手往往都懂得运用此策略。

一次，维斯代表公司去做一项谈判。他们公司是卖方，目的很简单，就是尽可能地出售公司的产品。公司给维斯定了一个底价，低于这个底价就不能成交。

但在谈判之前，维斯竟然说出了比这高一倍的价格。当时，对方的态度很明确："要价太高，拒绝合作。"维斯想，最多在要价的基础上降低一半。如果对方再拒绝，他也无能为力，因为这已经是他们公司的底线了。结果，维斯顺利地以高出公司所说底价半倍的价格，售出了公司的产品。

那么，为什么在面对那些反对声音的时候，只要你懂得做出让步，就能够赢得人们的认可，并最终掌握战场上的主动权呢？这是因为，当你向对方做出让步的时候，首先会给对方留下你妥协、让步的良好印象，进而使对方从你的退让中得到心理满足。此外，对方还会因为你的让步，在思想上放松戒备，而且作为回报，在一定程度上也会满足你的某些要求。但事实却是，这些要求正是你的真实目的。

此项策略在说服他人、影响他人上虽然有一定的功效，但要真正地做好并不容易。在运用此项策略的时候，还要掌握一定的方法和注意事项。具体如下：

（1）你的让步不能做得太快

虽然在争取对方同意你的观点，以及接受你意见的时候，运用让步策略，利于满足对方的心理，进而同意、支持你，但在运用此项策略的时候，也要掌握好度，不能让步太快。否则，不仅不会使对方在心理上得到满足，反而容易让对方怀疑你的让步有诈，进而进一步地试图让你做出让步。要慢慢地让步，这样更容易使对方相信你，也更容易让对方在心理上得到满足。也就是说，对方等待越久，越会珍惜得之不易的东西。

（2）不能做无谓的让步

在做让步的时候，一定要注意让步的质量。也就是说，你的让步要尽量用在对方最在意的事情，或者最强烈介意的事情上，即每个让步都应该指向可能达成的协定，这样对方对你的让步才会体会更深、印象更深。简单概括就是，每次让步或是以牺牲眼前利益换取长远利益，或是以自己的让步去换取对方更大的让步和优惠为宗旨。

（3）在不了解的情况下，最好让对方先开口

在你试图说服人们去同意你的观点以及意见的时候，难免会碰到那些行家，或者懂得行情的人。和这些人相比，可能你并不占有主动权。这时候，最好的办法就是不要主动先开口。要争取让对方先开口说话，让对方去表明他们的观点。这样对方由于暴露过多，回旋余地就小，而这时的你也便掌握了场上的主动权。

❖ 重复定律：重要的事说三遍

人们重复的时候，他的执着、诚恳精神，会在对方面前表现得淋漓尽致，进而易于感动对方，也易于让对方接受。此外，在人们不断重复的过

程中，对方内心往往会承受很大的压力。为了摆脱这种压力，他们往往会对你重复的事情表现得更加积极。

肯德基的创始人桑德斯，在创业初期经历过特别的事情。

当时，桑德斯身上只有政府分发的105美元救济金。他拿着这仅有的一笔钱开了一家小店，店里的生意很好。这次开店的经历，激起了他的工作热情。他准备做一番事业，但他开小店挣的那点钱远远不够。思虑再三之后，他觉得唯一能够帮助他的资本，就是他拥有的用11种香料配制的炸鸡秘方。于是，他开始想方设法地将这些秘方卖给那些开餐馆的人，以便自己可以获取更多的资金。

第二天，桑德斯就驾着一辆老爷车，在美国大街小巷的餐馆中出售他的炸鸡秘方。几天过去了，尽管他给很多人做了演示，但却仍然没有一个人对他的炸鸡秘方感兴趣。他一次又一次地被拒绝，一次又一次地重复着这件事情。终于，在他去一家餐馆出售秘方的时候，老板被他不断重复以及多次演示的诚意打动了，桑德斯则为自己争取到了一次机会。正是这次机会让他步入了开办肯德基连锁店的事业中。

从桑德斯的成功之路上来看，人们发现那些不放弃的重复起到的重要作用。所谓的重复，也就是心理学上说的重复定律，桑德斯的第一次机会，正是重复定律在无形中发挥作用给予的。

那么，什么是重复定律呢？

简单地说，重复定律是指，任何的行为和思维，只要你不断地重复给对方，对方的潜意识里就会得到不断的加强，进而渐渐地将这件事情、思维、行为在潜意识里变成事实。

这种由"重复定律"导致心理的变化，并最终被人们很好地利用、为自己服务的事实并不少见。

例如，生活中，丈夫下班回家换完拖鞋后，经常不会直接将鞋放在鞋柜里，妻子最厌烦的事情，便是丈夫的这一举动。于是，每天只要妻子看见这个状况后，就会边放鞋边唠叨上几句："老公，我告诉你多少次了，换完鞋子要直接放回鞋柜里面，怎么就是记不住呢？"

"老公，你怎么又忘记把鞋子放到鞋柜里面了呢？"

类似的话妻子不知道说了多少遍，某一天，妻子发现丈夫下班回来后，乖乖地将鞋放到鞋柜里面了。

这便是不断重复的影响力，也可以说妻子不断重复的话语，让丈夫对于放鞋子的事情印象更加深刻，而一个人对什么事情印象深刻的时候，又会更积极地去做这件事情。

当然，在运用此策略的时候也要掌握方法，注意相关事项，这样往往更容易赢得人心，也更易于获取他人的支持。

（1）重复也要适可而止

虽然重复定律告诉人们，不断地重复更容易让别人印象深刻，也更易于赢得人心，博得他人的支持，但在运用此方法的时候，也要掌握好度，就是你的重复不能太过频繁，以免让人对你产生逆反心理。

一旦一个人逆反心理上来的时候，他对你说的任何事情以及任何观点，不管好坏，也不管对与错，往往都会一概排斥。对于这一现象，人们喜欢用"过犹不及"去形容。也就是说，重复也要适可而止。

（2）重复的时候只说关键词

生活中，很多人之所以不能很好地运用重复定律，并不是重复定律本身有什么难以理解的地方。而是人们在重复的时候，喜欢说很多没用的闲言碎语，而这些多余的话又容易让对方找不到你要说的重点信息，甚至会不知所措地认为你在"唠叨""抱怨""啰唆"……例如，有的母亲催促孩子学习，她们重复的时候，往往不说些学习的事情，而是说些"你怎么这么不听话就知道玩，一看就是没出息的孩子"等说了很多，却唯独没有说到学习上。而孩子呢，却认为母亲只是在责备自己，更不能明确地知道母亲的想法。

试想一下，在这种环境以及重复下，你的重复能发挥功效吗？相信一定不能，甚至还容易让人误解为你在故意刁难对方。所以说，在运用重复定律的时候，一定要抓住你想要表达的关键词。

❖ 赫洛克效应：适当给予赞美

当你称赞一个人的时候，对方在你的肯定以及鼓励下，就会涌现出一种愉悦的心情和振奋的精神。多数时候，为了进一步体会这种因为称赞带来的快感，他们往往会表现得更加努力和积极，以便下次继续获得这样的快感。

约翰逊夫人曾雇用了一个保姆，为了更详细地了解一些保姆的情况，她曾给女保姆的前主顾打了一个电话。她了解到的情况是对方的缺点很多，在雇用期间的表现并不是很好。

过两天，保姆就去约翰逊夫人家做工了。在保姆进门的第一天，她就对保姆说："斯雅，我很喜欢你，也觉得我们能够愉快地相处。前两天我还曾给你的前主顾打过电话，问了一下你的情况。她告诉我说，你是一个既忠厚又可靠的人，而且还能烧一手好菜，带孩子更是细心周到。唯一不足的地方是不太会整理家务，所以，有时房间会有些凌乱。我觉得她的话不一定完全正确，看你干干净净的样子，一看就是个爱干净的女孩，相信在未来的日子里，你一定会将家里打扫得干干净净的，对吧！"

结果，在以后的日子中，她们真的相处得很愉快。斯雅很勤快，更是将家里打扫得很干净。

约翰逊夫人之所以能够让斯雅勤快地工作，并且能够把家打扫得干干净净，和她在与斯雅的接触中及时地给予对方称赞和表扬是分不开的。约翰逊夫人称赞保姆斯雅的做法，事实上是赫洛克效应起到的作用。

那么，什么是赫洛克效应呢？

赫洛克效应是以著名心理学家赫洛克命名的，主要强调的是及时对人进行评价，特别是称赞等积极评价，能强化对方的工作动机，促使其更努力地投入到工作中，进而提高效率。

对此，著名心理学家杰丝·雷尔就曾说过："称赞对温暖人类的灵魂而言，就像阳光一样。没有它，我们就无法成长开花。但是，我们大多数的人只是敏于躲避别人的冷言冷语，而我们自己却吝于把称赞的阳光给予别人。"

在生活上，你在与别人交流中是否使用称赞，起到的作用往往是不一样的。生活中经常会有这样的现象，例如，在公司里，如果所有的人在放假的时候，都希望有个人能组织公司成员一同出去旅游，那么这个组织者如果在第一次旅游回来后，得到大家一致的好评、称赞，甚至很多人都不停地感谢他，相信他一定会很高兴，进而在下次放假的时候，他会主动承担起这项任务。但是，如果大家在旅游回来后，跟没事人一样什么都不说，或者说些不好的话，什么这次旅游去的地方真不好，真没意思……相信，即使下次大家一致推荐他去组织，他也会选择拒绝的。

当你称赞一个人的时候，对方在你的肯定以及鼓励下，就会涌现出一种愉悦的心情和振奋的精神。多数时候，为了进一步体会这种因为称赞带来的快乐，他们往往会表现得更加努力和积极，以便下次再获得这样的快乐。

此外，人们还应该明白这样的道理：在现实生活中，没有不需要被称赞的人，同样也没有不畏惧责怪和批评的人。要知道，每个人内心都希望自己所付出的努力被别人看到，也都希望自己所取得的成绩被别人认可。这也就不奇怪为什么人们得不到称赞和鼓励的时候，会感到心灰意冷，进而做事情的时候提不起积极性。也就是管理者们在员工做出成绩后，会积极鼓励、表扬对方的主要原因。

所以说，当人们在试图说服对方，或者让别人更好地支持自己、配合自己，为自己做事情的时候，一定不能吝啬你的称赞，要用称赞将别人往你希望的路子上引。例如，如果你想矫正一个人的缺点，那么不妨反过来称赞一下对方的优点。这样他多数时候都会乐于迎合你的希望，进而逐渐地改变自我。

（1）公开场合称赞对方，让其印象更加深刻

大多数人都有过这样的体验，在课堂上，老师表扬了你，你会觉得非常有面子，以至于下次回答问题的时候，你会表现得比其他人更加努力、更加积极。

人都有共性，你要想让别人更好地跟随你、支持你、认同你，那么在合适的场合、合适的地方，你就要善于当着大家的面称赞对方、表扬对方，以便他在日后会表现得更加积极。

（2）私下赞美更易赢得人心

有时你也会有这样的感受，如果有人当着你面，私下对你说："你这次做得非常不错，好好干！"相信你即使听的时候，嘴上表现得很谦虚，心里也会美滋滋的，进而表现得更积极。同理，其他人其实也同样如此。

此外，当你私下里单独找他，称赞他的时候，对方会觉得你关心他、在意他，甚至会认为你是一个懂得欣赏他的人，这样对方也会更积极地为你效力。

❖ 最后通牒效应：下一道"通缉令"

人们往往有这样的心理，觉得一件事情还没到最后关头，所以是能拖就拖、能等就等。等到最后，实在拖不了、等不了的情况下，才会匆匆去做。而当你给他设定一个最后的期限，或者下最后一道"通缉令"的时候，这个期限便会成为等不了、拖不了的约束条件，进而他会及时地配合你、支持你完成相应的任务。

作为大学毕业生论文指导老师的张老师发现，每次让同学们交论文的时候，同学们都拖拖拉拉地交不上来。刚开始工作的时候，她一直觉得不应该强硬地规定同学们在哪天必须交上论文。所以，她就经常说："大家早一点把论文交上来。"

可她发现，尽管她说了很多遍，也只有少量的学生在一段时间过后会交上论文，但大部分学生都是迟迟不交。一天，她生气地对同学们说："如果下周一，谁再不交论文，我就拒绝指导他的论文，不能毕业的话也别说我不负责任。"

其实，张老师说这话只是想着吓吓大家，让大家早一点交论文。后来她发现，到周一的时候，绝大部分人在早上就把论文都交了上来；还有少部分人，在下午也交上来了。

张老师本来要求大家尽量早一点交论文，却没有人交，但当她说出具体的时间后，学生们竟然都乖乖地交了。事实上，这便是心理学中最后通牒效应起到的作用。

那么，什么是最后通牒效应呢？

　　心理学家认为，所谓最后通牒效应，是指对于不需要马上完成的任务，人们总是习惯于在最后期限即将到来时，才努力去完成。也就是说，大多数人具有一种拖拉的倾向。

　　正因为人们会习惯地向后拖拉，所以，那些聪明人在试图让他人配合自己，或者支持自己做某件事情的时候，总能巧妙地利用好这种惯性，给对方设定一个最后通牒的时间。这样一来，对方往往便能及时按照他的想法完成相应的任务或者要求。

　　阿文是一家广告公司设计部的主管，手下有十几个设计人员，其中小伟是他最器重的设计员之一。可小伟的设计虽然比较有新意，但就是时间上总掌握不好，每次做设计的时候，不是迟交，就是交上设计后又去找阿文要回，说有新的灵感，要重新设计。

　　这种情况发生了几次，阿文却一直没有找到更好的办法改掉小伟的这个毛病。

　　一次，公司来了一个重要客户。为了确保设计的创新以及质量，阿文决定让小伟做。但为了避免小伟继续犯以往的毛病，他在将设计交给小伟的时候，直接就对小伟说："这个设计事关重大，如果你这次在规定的时间交不上来，或者你再出现交上来稿子再要回去重新设计的情况，咱俩就都得直接走人。"结果，这次小伟真的如期交上了符合对方要求的稿子。

　　从前述故事中，阿文之所以能够判断小伟在规定的时间内可以完成设计，并成功地达到对方要求的标准，关键就在于他在必要的时候，向小伟下达最后的通牒，也正是这个方法，帮助他实现了最终的目的。

　　人们往往有这样的心理：在从事某一活动时，总觉得准备不足。于是，想着为了更好地完成工作以及相关的任务，给自己一个准备的时间，所以迟迟不肯开始动工。但是，如果你给了他一个最后的期限，他就会把这个作为目标，准备的过程也会以这个目标为极限，确保自己能在最后的时间段内完成。

虽然为别人设定最后的通牒，利于掌控他人、驾驭他人，但在设定的时候，也要掌握方法。

（1）最后通牒的时间要提前

既然人们通常到最后一刻才会努力地去完成相应的任务，那么你在要求对方办事情，或者要求对方完成任务的时间便可以提前。也就是说，你为对方规定的时间可以提前几天，以便你能更好地掌控局面和主动权。

例如，如果你是老师的话，在给学生留作业的过程中，本来是周二交作业便可以，这时你便可要求学生在周一就交上来，这样你在周二的时候，往往就能收到全部作业了。

（2）最后通牒时，可增加点严重性

你可能有这样的体会，如果别人告诉自己，自己做不好这件事情，将受到什么样的惩罚时，你往往便会产生几分畏惧感，进而在做事情的过程中，不仅在规定的时间段内完成对方交给自己的任务，而且还会表现得精益求精。

当你希望对方更好地完成你说的任务或者事情的时候，可以在最后的通牒中加上点"虚假"的严重性。例如，如果对方在工作中总是犯粗心大意的毛病，你想纠正他这个错误，可能多次的劝说不见得管用。但如果你告诉他，他再犯这样的错误，将不能在公司工作，或者将扣除当月的奖金，他往往就会将这份警告牢记在心。

❖ 换汤不换药，做个会说话的人

只要有一点常识的人都知道，"1+2"等于3，"2+1"同样等于3，"1+1+1"还是等于3。假如用逻辑分析这个数学问题，我们可以将"3"视为目的，将"1+2""2+1""1+1+1"视为达到目的的不同方法。

如果是说话，那么我们可以将"3"视为你最终想表达的意思，将"1+2""2+1""1+1+1"视为不同的说法。这就是说，同样的意思，可以用不同的方式说出来。只不过有时候，用错误的方式说出来，无法达到你想要的目的。因此，在说话之前不妨用逻辑的思维反推一下："如果我用这种方式说话，会达到目的吗？"如果答案是否定的，那就赶紧换一种对自己有利的方式去沟通。

萧何是刘邦打江山的得力帮手，也是帮刘邦治理天下的卓越功臣。因此，他被刘邦特赐"带剑履上殿，入朝不趋"之权。其实，萧何不仅管理能力出众，口才更是一流。

在刘邦还未登上皇位的时候，萧何就开始张罗着大兴土木，为刘邦建造未央宫。刘邦觉得太过奢华，看不下去了，就怒斥萧何："天下未定，连年战乱，现在成败都不知道，你怎么能建如此豪华的宫殿？"

萧何伏地请罪，然后从容地说："正因为天下未定，才需要建造皇宫休息啊！天子以四海为家，皇宫不壮丽怎么能体现天子的威仪？再说，这也不是奢华，而是要给天下人定一个标准，让后来者不能超过这个标准。"

听了萧何的话，刘邦点头称是，便不再说什么了。

乍一听萧何的话，会觉得修建皇宫根本就不是奢侈浪费、逢迎拍马，而是忧国忧民。但稍一分析，就可看出萧何修建皇宫还是奢侈浪费，为什么这么说呢？因为萧何已经承认了，萧何说："这是要给天下人定一个标准，让后来者不能超过这个标准。"后来者都不能超越这个标准，可见这个标准有多高，可见这个皇宫修建得有多豪华，这不是奢侈是什么？

萧何的聪明就在于，同样的意思他懂得换一种更动听的说法，让刘邦听着心里舒服，然后心安理得地享受萧何为他建造的奢华皇宫。这就是我们常说的"换汤不换药"。换汤不换药之后，别人愿意喝你熬的药，是因为你在药汤里加了一些美味的佐料，这个佐料就类似萧何那动听的说法。

史上记载，五代的后唐庄宗李存勖是一介武夫出身，嗜好田猎。有一次他巡游狩猎，庞大队伍行进树林时，吓到一只兔子。李存勖一见大喜，立刻驱马去追兔子。

后面的侍卫队一看，也急忙拥簇奔驰，跟了过去。

眼见就要追上，李存勖忙搭箭射去，原可以射中了，谁知那兔子却像背后有眼一般，突然一拐弯，从荒岭上直向麦田深处窜去。

李存勖看见兔子突然拐弯逃开了，他哪肯罢休，拍马向麦田驰去。侍卫队怕皇上有闪失，大批人马也跟了过去。

顿时，金灿灿的麦田被马蹄踏得东倒西歪。然而，那兔子却死命地往麦田里钻，李存勖等人紧追不舍，眼见即将可以收割的一片麦田，就这样被糟蹋在众多马匹的铁蹄下。

这时，地方县令勘察民情，刚好经过这里，老远见有马队在麦田里驰驱践踏，还以为是哪个富家子弟在撒野，不由心中怒火升起，拔腿就抄近路截了过去，抓住李存勖的马头。

李存勖追得正在兴头上，突然被人截住，不由得勃然大怒地大喝一声。

这时，县令一见这马饰和骑马者的华丽服装，才知是皇上，心想闯了大祸，吓得冷汗直流。

李存勖再看那兔子，早已跑得无影无踪，自己追了半天等于白费了劲，怒从心起，喝令左右将县令拉下去斩首。

这时，侍卫马队中站出一个人来，大家一看是伶官敬新磨。原来李存勖不但好打猎，也爱听戏、唱戏，无论在宫中还是在宫外，都让资深伶官跟在身边，抽空给他唱戏解闷、取乐。

敬新磨不但戏唱得好，而且语言诙谐，有智有勇，常常用开玩笑的方式规谏庄宗。

这时，只见他来到李存勖前，高声说：

"慢杀！皇上，让我把他的罪状数落一遍，让他死得心服口服！"

李存勖看到敬新磨，颇感兴趣地说：

"你帮我教训一下他犯了什么罪吧！"

敬新磨说："遵命！"

说完，敬新磨来到县令面前，大喝：

"你有死罪，知道吗？你难道不知道咱们皇上爱好打猎？为什么还让老百姓种庄稼交国粮呢？你为什么不让老百姓饿着肚皮，空出地来让咱们皇上打猎用呢？你真是该死！"

众人大笑。

李存勖听出了敬新磨话中加有深意，于是笑了笑，对县令挥手说：

"你走吧！"

就这样，县令捡回了一条命，叩头谢恩而去。

从今以后，再也没有人看轻这位戏子，甚至为他的机智反应拍手叫好。

大家可想而知，皇上正在气头时，如果跑出一个直言的大臣，可能双双都会斩首。

然而，伶官只是戏子，如果皇上太当真要治罪，显得没有气度。再者，敬新磨懂得把谏言包装在幽默的话语中，他人乍听也听不出什么玄机，等于给皇上找了个台阶下。

这两个故事告诉我们，同样一件事，说话的意思也相同，但用不同的说话技巧去表达，换来的结果是不同的。所以，我们要善于使用说话的方式，用别人更乐于接受的方式表达我们的观点，这样才能达到求人办事的目的，才能成为受欢迎的人。

❖ 动机适度定律：别触发听众的戒备心理

当你试图说服他人接受你的观点，或者按照你的想法做事情时，如果动机表现得太强，对方就会很容易感觉到你的别有用心，或者另有企图。这样一来，他们的戒备心理便会提起来。而一旦对方有了戒备心理，你便很难去说服他们按照你的意志办事情了。

向阳是学工商管理的大四学生，在毕业前夕，老师推荐他们同专业的几个人去一家大型外企实习。对于学习工商管理的人而言，能去大型外企实习，这无疑是非常好的就业机会。所以，大家都非常珍惜。

当向阳踏入公司第一步的时候，便被优雅、高档的环境所吸引，他心中开始有了自己的计划，他要利用自己实习的机会，好好表现，留在这个企业。于是，在后来的工作中，他总会在上司面前刻意地表现自己。每当有同事让其他实习生去经理或者老总办公室送文件的时候，他都会想方设法地抢到自己手里。他试图通过送文件，增加与领导接触的机会，以便给领导留下好印象。空闲时间，他更是主动去经理和老总办公室，帮他们收拾办公桌、整理文件等。

两个多月的实习时间过去了。在结束的时候，他还曾主动找过自己部门的经理，自我推荐了一下，并声明自己特别希望留在公司继续做事情。他以为这次实习结束后，自己一定会被留下。可在实习结束后，公司宣布留下的两个实习生中却没有向阳。对此，经理曾做过这样的解释："公司需要踏实做事的人，而不是只为个人目的、个人动机做事的人。"

向阳之所以没有被公司留下，不是他表现得不够好，也不是他没有实力，最主要的原因是他在为公司以及其他人做事情的时候，表现得太过功利，进而让经理认为他做事情不够踏实。从向阳的经历中，人们应该得到这样的启示：在做事情的时候，不能表现得太过功利，否则只会遭到别人的反对。

对于这种现象，心理学称是"动机适度定律"。所谓动机适度主要是讲，动机太强，事情反而做不好。动机适度，事情才容易做好。做事情的时候，要放平心态，不要太刻意地追求结果，也不要一门心思地不达目的不罢休。

生活中，你经常会有这样的体会，当你想求助对方的时候，如果只是在和对方聚会、吃饭的时候，顺便拜托对方一件事情，对方多半会毫不犹豫地答应你，进而这事情也就解决了。但当你为了这件事情，专门选个时间，直接找个地方和对方见面，或者请人家吃饭，并且其间一直说你要求对方办的事情，那么对方反而会带着那么几分不情愿，即使答应也不会那么爽快。

为什么会出现这样的状况？这是因为，你的动机太强了，反而会让人觉得你这个人不够坦诚、不够真实，太有心机，进而不愿受你的左右。

此外，你还应该看到这样的现象：当你动机太强的时候，你的行为就会不受控制，进而表现得太过急功近利，或者太过有目的性，结果让人一眼看穿、看透。而人们呢，又有不受他人支配的心理。当他们知道了你的动机或者别有用心后，便会出于自我保护心理，本能地拒绝你，甚至朝着与你最初动机截然相反的方向做事。

而那些成功的聪明人无疑都是非常懂得此项策略的人，并且总能用此策略很好地实现自己的目的。例如，有些聪明的员工在与领导外出的时候，总能无心地聊上几句自己对一些事情的看法，以及说一些看上去无关紧要但却能彰显自己能力的事情。结果，领导多数时候会觉得他的想法不错，有点道理，他这个人也挺有能力，进而在下次工作中不知不觉地采纳他的意见。

但要想运用并掌握此项策略，就要掌握如下具体方法。

（1）出招的时候，要给自己找一个挡箭牌

当你在求助别人，或者争取让别人同意自己意见的时候，要懂得给你自己找一个挡箭牌。

对于这种方法，并不难理解。例如，你有事情想让老同学帮忙，便给对方打电话。打电话的时候，你便可以先问候一下对方，然后和对方聊聊近况等。然后，再顺便说一下自己要求助的事情。这样老同学多半会答应。但如果你开门见山，直接就求助人家，尽管对方也会答应，但心里多少会有点情绪，觉得你不够关心自己，不体谅一下自己，甚至认为你是"无事不登三宝殿"的人。

（2）说事情时，不能给人以你必须按我说的来的印象

在向对方讲述一件事情，或者征询对方意见的时候，你不能表现得太过强制性了，也就是说不能让对方觉得，这件事情他必须听你的。如果你给对方留下这样的印象，那么对方很可能会在逆反心理的驱使下，对你的目的以及动机更加排斥。

你要善于引导对方，让他觉得这件事情能按照你说的来最好，不按你说的办对你也没什么大的影响。这样，就容易给对方造成并不完全是为了自己的目的，才去说这个观点或者做这件事情的假象。这反而容易说服对方转变态度，进而同意你说的。

❖ 多加个"请"字，你绝对不吃亏

俗话说："会说话的人说得人笑，不会说话的人说得人跳。"事实上也是如此。人人都喜欢被人尊重，人人都希望自己是别人的老师。那么在社交场上，在双方交流的时候，不妨用请教的态度和人说话，这无疑会增加对方对你的好感。

一个年轻人刚进公司，看到同事们做的工作都很简单，于是他扬言说："就这些东西，别人能做的我都能做。"结果在他遇到问题的时候没有一个人帮助他，也没有人愿意跟他合作。幸好，一个老师傅看着他是个年轻人，口出狂言可能是和他的阅历有关，于是心存怜悯，就去帮了他，也使他得以在公司继续试用。

其实，请教的潜在含义，首先是尊重别人，然后才是需要得到别人的帮助。这在对方来说，有一种优越感，即使是对你有敌意的人，只要你用请教的姿态，他也会放下敌对情绪来帮助你。请教，不仅是一个学习的过程，其实更是一种社交的能力。

一个人要想在社交方面有所建树，那么就该努力地把握好社交的技巧。

很多人都有这样的体会：在学校里，当低年级的同学向你请教的时候，无论你是多么的忙，或是自己根本不知道如何作答，你都会很耐心，甚至不懂装懂地去应对，内心还常带一丝骄傲。当你帮助别人解决了某个问题的时候，你会从中得到很大的快乐。因为别人向你请教，说明你在某方面具有优势，你受到了别人的重视，你比别人强！

的确如此，不妨你把平时与人说话的态度改变一下。如果你要说的话是："你告诉我这到底怎么处理好？""帮我一个忙吧！"

你试着改成："你可以帮我一个忙吗？""有个问题，我想请教你一下。""请教你一个问题可以吗？"

你可以斟酌一下两种态度将会产生的不同效果。前者虽然说起来很随意，但说得不好，就会形成一种命令式的口吻；而后者就谦虚多了，先把自己放在一个较低的位置，然后向对方请教。而且，当你说"有个问题，我想请教你一下"，"有个忙，不知道你能不能帮帮我"的时候，还有一个特别的好处，就是能勾起对方的好奇心，他会想知道"这究竟是个什么问题呢？"同样的问题，只要你改变一种方式和态度，就让人听着舒服多了。这就是中国语言的魅力。因此，在社交活动中，你可以把一句话变着法儿说，最后接受到的回馈就会高低不一。

请教是表示虚心，表示谦逊，同时也是表示尊重对方的意思。

孔子云："三人行，必有我师焉。"当然，在具体请教的时候，还有一些要注意的方面。

首先，态度要诚恳，你既然是把对方当作"老师""专家"，那么就要从心理上表示这样的态度，不要一面说着请教对方，一面又不把对方当一回事。

其次，请教别人之前，最好自己先动脑筋想一想，不要提起问题时不假思索，马上就问。当你自己对问题有了一点了解后，别人再讲，你容易接受，而且，如果你事先已想过如何去解决，别人就会觉得你认真，而愿意帮你。

无论你面对的是怎样的人，哪怕他平时什么都不是，你这样一请教，无意中激发了他的自信和满足感，每个人都有希望突出自己的愿望，而你正好满足了他这样的一个愿望，因此，在你请教的同时，不但不会使他感到麻烦，反而能博取他的欢心。

当然，职场如此，家庭也是如此。一个智慧的人，既能在社交中深得别人的敬重，也能很好地维持一个幸福家庭。你只要在这些方面下点工夫，也可以自如地游走在社会和家庭之间。

测试：**测测你的抽象思维能力**

1.你在电影和电视剧中发现过不合情理的情节吗？

A.多次发现　B.偶尔发现　C.没有

2.在朋友们面前发觉自己不小心做了不得体的事时，你是否能迅速给自己找一个台阶下（如开一句玩笑），以摆脱困境？

A.是　B.不能确定　C.不

3.你写信时常常觉得不知如何表达吗?

A.不　B.不能确定　C.是

4.大多数情况下,你只要一看(小说或影视)故事的开头,就能正确猜到结局如何吗?

A.是　B.不能确定　C.不

5.你善于分析问题吗?

A.是　B.不能确定　C.不

6.你爱看侦探小说或影视片吗?

A.是　B.不能确定　C.不

7.你说话富有条理吗?

A.是　B.不能确定　C.不

8.你觉得想问题是件很累的事吗?

A.是　B.不能确定　C.不

9.你有时将问题倒过来考虑吗?

A.是　B.不能确定　C.不

10.你可以很轻松地弄清一篇文章的要点吗?

A.通常能　B.有时能　C.不能

11.你常与他人辩论吗?

A.是　B.不能确定　C.不

12.当你发觉说错话时,是否窘得再也说不出话来?

A.不　B.不能确定　C.是

13.你是否能轻易地找到一些笑料使大家都笑起来?

A常常能　B有时能　C不能

14.有人认为你说话常不着边际吗?

A.不　B.不能确定　C.是

15.你对世界上很多事物及其活动规律看得比较透彻吗?

A.是　B.不能确定　C.不

16.当你告诉别人什么事情时，你常会有词不达意的感觉吗？

A.不　B.不能确定　C.是

17.你在下棋、打扑克这些智力游戏中常取胜吗？

A.是　B.不能确定　C.不

18.你的提议常被别人忽视或否定吗？

A.不　B.不能确定　C.是

19.当你的同事或朋友有问题时是否会向你咨询？

A.是　B.不能确定　C.不

20.你常不假思索地接受别人的意见吗？

A.不　B.不能确定　C.是

21.在别人与你寒暄而尚未切入正题之前，你常常已经大致猜到对方的意图吗？

A.是　B.不能确定　C.不

22.看完一篇文章，你是否能马上说出文章的主题？

A.通常能　B.有时能　C.不能

【计分方法】

每题答A记2分，答B记1分，答C记0分。各题得分相加，统计总分。

【测试解析】

0~15分：表明你讲话、想问题缺乏逻辑，抽象思维能力较弱。

16~30分：说明你的抽象思维能力一般。

31~44分：表明你的抽象思维能力较强，你善于抓住问题的关键，说话也显得有条有理。

下

别激动，我是逆袭心理学

第 七 章

❖

别玩套路：
知世故而不世故，才是最成熟的善良

❖ 为什么人们总会将自己的想法强加于人？

你要善于给对方以正确的投射，这样对方才会对你印象深刻，才会对你心存感激。而当一个人对你印象深刻、记忆犹新的时候，你向他寻求帮助，还有什么困难吗？

美国第39任总统吉米·卡特毕业于海军学院，在校时的成绩优异。他曾在全校820名毕业生中名列第58名。一直以来，他都觉得这个成绩是比较理想的，有时还会暗暗地因为这个成绩而感到自豪。

毕业不久后，他遇到了海军上将里·科弗将军。当时，将军想让他介绍一下自己，谈论一下过往的经历以及一些事情。吉米·卡特一听很高兴，他觉得在这一环节中，他一定能够获得里·科弗将军的喜欢和赞赏，便自豪地提起自己在海军学院的成绩。

他以为将军知道他的成绩后，一定会对他刮目相看，一定会赞赏他年轻有为。可令他没想到的是，将军不仅没有任何惊讶的表情，而且还反问了一句："你尽力了吗？为什么不是第一名？"

将军的这句反问，给了吉米·卡特很大的触动，他不知如何作答。这件事情虽然过去了，但是与里·科弗将军的对话，给了他很大的启示："不能以自己的喜好去投射别人"。

从前述故事中，人们不难发现，他之所以在博得里·科弗将军赞赏上受到挫折，关键不是他不够优秀，而是因为他从自己的角度出发，用自己的喜好去投射给了将军。而将军真正关心的东西可能并不是他的成绩，而是其他的。也就是说，吉米·卡特没有给将军做出正确的投射，也便不能博得其对自己的喜欢和赞赏。这种现象，心理学上称为投射效应。

所谓投身效应，简单说就是指以己度人的现象，即人们容易犯下认为自己具有某种特性，他人也一定会有与自己相同特性的错误。主要表现为，人们总是把自己的感情、意志、喜好投射到他人身上，并强加于人的一种认知障碍。

可反观现实生活，你经常会发现这样的现象，朋友过生日，你可能精挑细选地挑了一件你认为最漂亮的礼物，但送给朋友后，你会发现朋友并不怎么喜欢，也很少用；当领导让你按照计划表做一件事情的时候，可能是为了显示自己的能力，你总会用另外的办法做这件事情，但却遭到老板的责备。事实上，这些现象都是错误投射导致的结果，都是不能从对方的立场考虑问题，不能站在对方的角度上，去影响其帮助自己达成目标。

为什么人们总会将自己的想法错误地投射给他人呢？这是因为，在人们惯有的思维中，他们在从事某一件事情，哪怕是给对方好处的事情上，也会受到自我思维定式的影响，进而不能实事求是地站在对方的立场上去观察和思考。例如，有的母亲一直想要成为歌唱家，自己没有如愿，便会想方设法地将自己的梦想投射给她的女儿，希望女儿也成为歌唱家。

对于正确投射效应的应用，那些聪明的成功者无疑都是很懂得此策略的人，并且他们总能根据对方的喜好，不停地调节自我的节奏，以便自己能更好地适应对方。

芭比娃娃在日本畅销正是因为芭比娃娃的管理者做了正确的投射。

芭比娃娃刚在日本上市的时候，并不受欢迎，市场也不是很景气。管理者们发现情况后，便开始寻找原因。后来他们发现，原来日本的小女孩经常会将洋娃娃视为自己长大后的形象。但由于芭比娃娃的眼睛是蓝色的，胸部太大，腿也太长，不符合日本美少女的形象，所以不受她们的喜爱。于是，他们便将芭比娃娃的蓝色眼睛改成了日本人审美习惯的咖啡色，同时也修正了胸部和腿部。结果，芭比娃娃在日本深受追捧。

管理者们根据形势，做出符合日本人审美习惯的正确投射，而不是继续以往的欧美式形象。正是这种正确投射，才使那些管理商们成功地掌控了购买量，让消费者自愿地去购买芭比娃娃。

要做到正确投射，同样也需要掌握方法。

（1）站在对方的立场上考虑问题

人们要想给周围的人做出正确的投射，就要站在对方的立场上考虑问题。这就告诉人们，即使是为了拉近距离，试图给予对方好处，也要从对方的立场出发，从他的喜好、性格、特征去给予，而不是想当然地把自己喜欢的东西投射到别人身上。

（2）学会换位思考更易洞悉对方的心思

遇到问题，首先要从自我的立场出发，这是人之常情，每个人或多或少都会遇到这样的事情。也正是如此，让人们经常做出错误的投射。这就警示我们，在做事情或者掌控他人的时候，一定要学会换位思考，这样才更能揣摩出对方的心思，才更容易洞悉对方的心理。

❖ 你听得懂"弦外之音"吗？

每个人讲话时的目的不同，所以内心组织一次对话时的倾向性也不同，谈论的侧重点也会不一样。而当你认真听对方说话的时候，往往便能及时地捕捉到这些信息，进而可以有效地避免自己为别人所用。

刘蕾大学毕业之后进了一家私营医疗设备公司。高学历的刘蕾，得到了老板的重视。刘蕾也不负老板所望，业绩非常突出，并且一些别人难以完成的任务，刘蕾也能在期限内出色地完成，入职第一年刘蕾就被提拔做了销售主管。

老板非常喜欢在工作中兢兢业业的刘蕾，并且经常和她一起商讨比较重要的问题。渐渐地，刘蕾觉得自己在公司中有了非同一般的地位。

有一次，公司召开会议商讨和台湾一家大公司的合作方案。在会议上，老板将自己的计划和合作意向书拿了出来，让大家看一下，并说："有什么意见，尽管提。"

公司里的其他几名主管看了之后都没有说什么，唯独刘蕾看出了问题。她认为照这个合作方案进行合作，公司能够得到的利润非常小。于是，坦率地对老板说她觉得这个合作方案有问题。

老板的脸色暗淡了下来，但还是出于礼貌地问她哪里有问题。但是刘蕾却没有发现老板的变化，针对这个合作方案——提出自己的看法。

刘蕾当着这么多下属的面否定了老板的方案，这让老板觉得很没面子。于是，老板淡淡地说："会议结束，这个问题以后再谈。"

会后，刘蕾像往常一样去找老板商讨，结果老板用冷漠的口气说："这件事稍后再说，我还有一些事情要处理。"刘蕾只好离开了。

有些身份、地位比较高的人说"欢迎大家提意见"时，不要过于当真，有时候只不过是场面话，所以，他们虽然嘴上说请大家多多指教，其实是想听到更多的鼓励和赞扬，而不是批评与反对。即使你是对的，也必须给足对方的面子，否则会大大伤了他的自尊。

这就是说者隐晦的"弦外之音"，它隶属于心理学中的一个身体语言的分支，并且能很好地帮助人们"透视"他人的内心世界。

社交中的人，不论是在会议、酒会、宴席等，凡是摆出一副毫不在乎的神态说："大家有什么尽管说，别客气。"你千万不要当真，说不在乎的人，才是最在乎的。他说的"有什么尽管说"的潜在意愿是要听到你的一些赞美的话。

又比如，很多时候，你的上司或朋友想要指出你的错误，都会费尽心思地先赞美你一番，一方面让你在温柔的话语里放松警惕，另一方面，避免直戳你的伤口而让你感到不高兴。

因此，你要听懂对方的"弦外之音"。

（1）专心倾听，能动理解

要想知道对方表达的究竟是什么意思，是不是有其他的想法或者暗示，关键就是你要善于倾听对方的陈述。因为对方说得越多，漏洞疑点也越多，而这无疑是让你了解他的最佳时机。

同时，在专心倾听的基础上，还要让自己保持一个能动的理解。在倾听的过程中，不仅要用耳，而且要用全部身心，不仅是对声音的吸收，更是对意义的理解。只有这样，你才能掌控场上的主动权，才能更深入地了解对方的目的，进而及时采取措施，展开下一步的行动。

（2）不要拘泥于方式，而应注意内容

一般来说，谈话方式和谈话内容是相辅相成的，具有内在联系。但由于有的人不愿意将自己的话语内容直接被别人听出来，所以，经常会采取一些婉转、隐蔽性的话语，旁敲侧击。

到这时候，就更需要在倾听对方谈话的时候，做到不拘泥于方式，而应注意内容。只有这样，才更能抓住事情的关键、话语的重点，进而了解对方的心思。

❖ 对有逆反心理的人，不如"将计就计"

林老先生是当地小有名气的富商，但他总喜欢和别人唱反调，脾气倔强在当地也是出了名的。最近，他的汽车将要报废了，汽车推销员们都瞄准了这块"肥肉"，跃跃欲试地想要争取到他这个大客户。

于是，汽车推销员们纷纷向他推销汽车。有的说："我们的产品是世界上最棒的。"有的说："您的车子太旧了，该换一个新的了。"还有的说："依您的身价，不用我们的产品，太不应该了。"尽管他非常想换车，但一听推销员们这么说，反而感到不耐烦。

一天，一位青年人也前来推销汽车。结果还没等青年人进门，林老先生想："你一定也和那些家伙一样，向我推销汽车，我才不会上你的当。"可这名推销员并没像之前那些推销员那样建议林老先生购买自己的产品，也没有直接说他的车子不能用了，而是诚恳地说："先生，您这部车虽然旧点，但最起码还可以用半年。如果现在换车的话，有些可惜，你过几个月再换吧！这是我的电话，等您需要换车的时候再联系我。"结果，一个星期后，林老先生就从他这里购买了一台新车。

为什么那么多人向林老先生推销汽车都没有成功，而最后那位青年人却成功了呢？从整个推销情境中你会发现，最后一名推销员的成功之处，就是他懂得抓住林老先生的逆反心理，将计就计。

逆反心理最直接的表现就是不愿意与人合作，更不愿意听取别人的意见。例如，在生活中主要表现为对别人观点的不认同、不信任的反向思考；对他人意见的不采纳、不接受；对一些事情无端怀疑，甚至采取根本否定的态度……

此外，大多有逆反心理的人并不是固执地就想和别人唱反调，而是多数时候他们为了维护自尊，而对对方的要求采取相反的态度和言行的一种心理状态。例如，青少年中经常有那么一撮就是"不受教""不听话"，常与父母、老师"对着干"。实际上，他们之所以出现这种与常理背道而驰的行为，多数时候是觉得老师或者父母没有足够地尊重他们，例如逼迫他们学习，强迫他们做自己不喜欢、不感兴趣的事情……

而对付这类叛逆心强的人最好的办法，无疑是"将计就计"，即可以正话反说，又可以反话正说。

某心理学家为了有效地推销他的书籍，他在书的前言中，特意提醒读者请勿先阅读第八章第五节的故事。大多数读者却采取了与告诫相反的态度，首先翻看了第八章第五节的内容。

事实上，他这就是很好地运用了别人的逆反心理。而生活中，要想很好地运用这种心理战术，你就要先了解逆反心理产生的原因，然后才能有针对性地实施。

（1）逆反心往往和好奇心连接着

在生活中，有时，我们自己越是得不到的东西，就会越想得到；越是不能接触的东西，就会越想接触；越是不让知道的事情，我们就会越想知道。之所以发生这样的现象，事实就是好奇心在作怪。而好奇心越重的人，在这一点上表现得越明显。

所以，不妨多利用那些好奇心强的人的心理。例如，当你想让一个好奇心强的人明白你的意思，那么你不妨在讲述观点的时候，故意遮遮掩掩，吊他的胃口，以更好地刺激其逆反心理。这样对方在好奇心以及逆反心理的影响下，自己就会不停地琢磨你的意思，而这事实上正是你想要达到的效果。

（2）对立情绪是逆反心的镜子

生活中，我们也会发现这样类型的人，就是什么事情都喜欢和别人对着干。例如，有的时候，周围人说："这本书真好。"他多半会说："好什么呀！"周围人说："这个主意不错。"他多半会说："我看不怎么样！"

实际上，这类人就是典型的对立情绪者，也就是说他的心里有一种逆反的习惯，别人说什么自己都不认可、不喜欢，有时甚至反着来。

对于这类人，如果你"苦口婆心""千言万语"，他可能会无动于衷，不听从你的意见、观点，不按照你的思维做事情，甚至认为你是虚情假意、吹毛求疵。但如果你直接反着来，逆向思维去传达、去说服，结果可能就会事半功倍了。

❖ 首因效应：人群中的第一眼

第一印象，是在短时间内以片面的资料为依据形成的印象，心理学研究发现，两个素不相识的人初次会面，45秒内就能产生第一印象。

在一次新员工大会中，为了自己能够得到老板的青睐，以便日后可以在公司更好地发展，几乎所有新员工在会上的发言环节都踊跃参加，积极发言。有的员工甚至还故意提出几个不明白的问题去询问，以便凸显自己对公司的关注程度，王勃无疑也是其中的一位。

可会议进行到一半，发言环节过去后，当老板开始富有激情的讲话时，大家却表现得并不像先前那般积极，有的更是随便地摆弄着手机，有的在交头接耳地小声说话，有的甚至干脆打起瞌睡来。这时，唯独坐在第一排的王勃捧着纸，拿着笔，边听边记录。当老板讲完，别人散去的时候，老板递给他一张名片，并随着名片附带了一句："很高兴认识你。"这件事情过去不久后，老板直接提拔他做了一个设计组的小组长。

王勃之所以能够赢得老板的好感，甚至让老板在不是特别了解他的情况下就提拔他做小组组长，这和他在大会上给老板留下的良好的第一印象是密不可分的。

对于第一印象的现象，心理学上将其列为首因效应的内容，简单概括为，在短时间内以片面的资料为依据形成的印象。主要讲的是，当人们第一次与某物或某人相接触时会留下深刻印象。也就是说，个体在社会认知过程中，往往会通过"第一印象"最先输入的信息，对客体以后的认知产生影响作用。这种在短时间内见到对方，因第一印象产生的感觉，被心理学家命名为首因效应。

首因效应有个显著的特点，就是容易让人印象深刻，而且作用的时间较长。这也便是为什么那些聪明的人，经常利用其为自己服务的主要原因。例如，为官者总是很注意烧好上任之初的"三把火"，再比如人们经常很看重给对方一个"下马威"。

首因效应就是说人们根据最初获得的信息所形成的印象不易改变，甚至会左右对后来获得的新信息的解释。实验证明，第一印象是难以改变的。因此在日常交往过程中，尤其是与别人的初次交往时，一定要注意给别人留下好的印象。

美国俄亥俄州立大学的研究人员小罗伯特·劳恩特曾说过，如果你给人留下一个坏印象，那是很难纠正过来的，有时候甚至一辈子都改变不了，简直比中途背叛还不如——因为很多人根本不会给你修正错误的机会。

所以，不要小看第一次见面时的短短几分钟，因为第一印象如果好，那么就会有亲近、友好之感，利于日后的交往；第一印象不好，则会有讨厌、不屑与其交往之感。

那么，如何利用好"首因效应"，抓住见面时的几分钟呢？

（1）需要准备充分，从细节处入手

在与人相见时，努力创造出一种热情、欢迎的氛围，这能给人留下亲近的印象，利于拉近彼此间的距离。

（2）得体的仪表能为第一印象加分

大多数人都是"外貌"协会，对此，美国优秀的销售大师法兰克·贝格就曾说过，外表的魅力可以让你处处受欢迎。在销售界更是流行过这样一句话，成为一流销售员的基本条件，便是从仪表修饰做起。

（3）主动打招呼，利于让人感觉到你的热情

第一次见面的时候，你们通常会显得有些陌生。事实上，如果你想让对方记住你，就要学会主动打招呼。当你先主动开口打招呼的时候，就等于你是以谦恭、热情的态度去对待对方。而对方呢，多半会出于礼貌回敬你一下。这样无疑会给彼此留下印象，进而在日后进一步交往。

（4）精彩的介绍也能让人印象深刻

初次见面的两个人，自我介绍的风趣、幽默，会让对方印象深刻。这样，你便抓住了以后能够继续交往的时机。

❖ 讨厌完美：适当暴露缺点的你很可爱

俗话说："金无足赤，人无完人。"人都难免出丑犯错。当某些人的表现完美无缺时，一般人就会感到他不够真实，难以亲近。因为一般人和完美的人在一起，普通人往往认为己不如人，因此感到惴惴不安。这样失衡的人际关系是难以保持长久的，因为它很可能导致一方生活在自卑和压

抑之中。由此，被认为杰出或优秀的人偶尔出丑，不但不会影响他的人际吸引力，反而会让他更具人格魅力！

范秦在人力资源部做部门经理，人长得漂亮，说话为人各方面都很灵活，做事情时更是尽职尽责，不仅对自己要求颇高，对她的下属以及同事们要求也很高。所以，私下里同事们都称其为"典型的完美主义者"。

可是，渐渐地，她在公司里的地位也由人人敬重的经理变成了一个人人远离、不愿与其共事的格格不入者。

有时，范秦自己也迷惑："我没做错什么呀，怎么周围同事都离自己远远的呢？"尽管她会积极主动地与同事共事，可同事总是表现出对她很谦让、很尊重的样子，似乎不敢和她有过多的交往。特别是每次她吩咐任务的时候，如果不是指名道姓地说出让谁干，周围人根本没人理会她。这严重影响了她的工作效率，也给她的工作带来了很大压力。

从前述故事得知，范秦是优秀的女人，人长得漂亮，做事又灵活，但是，毫无缺点使得周围的人产生自卑心，也让她自己陷入了一个尴尬的境地。这就是心理学著名的"讨厌完美定律"。

讨厌完美定律，主要强调的是，一般与完美的人交往时，总难免产生自己不如对方而自卑的心理。生活中，有一些看起来各方面都比较完美的人，往往不太讨人喜欢。而讨人喜欢的，却往往是那些虽然有优点，但也有一些明显缺点的人。

美国浩博投资有限公司首席执行官的王天赐，曾对《财经时报》说："适可而止地暴露自己公司的缺点，是吸引风险投资商过程中很重要的一环。"他解释道，"虽然和盘托出你所有的信息也存在着风险，因为这可能使投资者不再考虑去投资你的项目，但如果你隐瞒事实而获得投资之后，对你丧失信任的风险投资家会让你面临更大的风险和损失。"

一般人与各方面都表现得太过完美的人交往，会觉得有压力，增加其内心的慌乱和自卑感。进一步证明，人们要学会适当地向他人暴露缺点，因为这会让对方觉得，完美、精明的人也和自己一样有缺点，进而减轻自卑感，增强内心的安全感，也更愿意与你交往。

心理学家阿伦森就曾说过："一个能力非凡而又完美无缺的人的吸引力，远不如一个能力非凡但身上却有着常人缺点的人强，因为太完美反而缺失人情味，倒不如有个性棱角、有小毛病的人更贴近人性。"

所以说，做人做事在追求完美的同时，不妨带上一点小缺点，这也许正是你拥有"好人缘""讨人喜欢"的法宝。但要做到这一点，也需要掌握相应的方法，以及相关的注意事项。

（1）暴露一些缺点的你更完美

虽然人们都很向往完美的东西，也都渴望自己是完美的人，但是现实生活中，极少存在完美的人，大多数情况下都是带有些缺点的。例如，在一场面试中，如果应聘者夸张地叙述自己在各方面都很优秀等话语，即使他说的都是真的，面试官可能也会觉得他不够真诚，甚至觉得他不够坦诚。但倘若他在说自己优点的时候，能适当地加上点缺点，比如我的性格开朗，但做事情有些毛躁；我各方面都还可以，就是不爱讲话等。事实上，这样可能更容易赢得人心，也更容易让对方从心理上接受你。

（2）暴露的缺点不能大于优点

虽然在这里一直提倡人们与人相处的时候要学会暴露自己的缺点，这样更平易近人，更符合人之常情，但在运用此方法的时候，也要掌握好度。具体而言，就是你不能暴露自己太多的缺点。因为，当对方觉得你身上缺点太多的时候，会误认为你是一个不中用的人。这样的话，对方更不愿意与你交往了。

相反，倘若你在有着很多优点的时候，时不时地表现出一点小缺点，这样对方就会觉得，你这个人整体不错，有点小缺点也是值得被原谅、被包容。这样不仅不会影响你们进一步交往，还会增加对方与你交往的兴趣，甚至认为你是一个坦诚、值得信任的人。

❖ 手表定律：寻找适合自己的标准

手表定律的意思是，只有一个标准时，做起事来往往比较从容，而如果有两个或者多个标准，则会让人变得无所适从。

张明原先是做因特网服务的，公司主要提供新闻稿件、教育和娱乐服务信息。所以，企业文化一直以"快速抢占市场"为服务目标，注重的是操作灵活。随着公司逐渐壮大，他在2000年兼并了一家公司，这是一家大型媒体公司，横跨出版、电影与电视产业，企业文化强调诚信之道和创新精神。

他原以为将此公司兼并后，可以很好地壮大企业的规模。可是，令他没想到的是，公司兼并后，由于他没有很好地解决两家不同企业的企业文化冲突，导致员工在工作中不知道该以哪个公司的文化精神为准，严重地影响了工作效率，也制约了公司进一步的发展。

不仅企业不能拥有多个标准，要想更有效地管理他人，也需如此。

当你要求对方做事情的时候，如果标准太多的话，那么对方在实施的过程中，会有一种迷茫感，进而陷入进退两难的窘境。而当给你做事情的人陷入进退两难、不知如何是好的境地时，他的效率一定也会下降。这势必会影响你的初衷，进而让你不能更好地实现当初的目的，不能更好地掌控主动权。

而人在让别人认同自己、支持自己的过程中，之所以不能成功，一个重要的原因就是自己对别人的要求太多、标准太多。要知道，你的标准多了，对方反而找不到一个最准确的了。同样，你的要求多了，对方反而不知道什么才是你最想要的了，进而不能让你满意。

在现实生活中，这种因为标准太多，导致自己陷入被动局面的事很多。例如，有的父母为了让孩子的综合能力得到提高，便会想方设法地帮孩子报各种兴趣班，舞蹈、钢琴、跆拳道、奥数……可最终结果呢？虽然报的学习班很多，但孩子却并不见得能将所有的都学好，甚至，一些孩子因为学习种类太多，最终一个都没有精通。事实上，主要原因是他们为孩子规划的标准太多了，最终影响了对某一方面的专注程度，陷入样样通、样样松的被动状况中。

你若想掌握主动权，还要注意相关的事项，并掌握一些方法，具体方法如下。

（1）你要找出一个最佳的标准

每个人在要求对方做事情的时候，都会要求对方这样做或者那样做，有时甚至为了对方能够做得精益求精、好上加好，还会附加上几个条件，以便这更能符合你的要求，让你感到满意。可事实却是，当你的标准多了，对方反而无所适从。

这就告诉人们，在要求对方做事情，以及"掌控"对方的时候，首先要给对方找到一个最佳标准，选择一个你认为最可执行的标准，然后让其执行。这样对方在做的过程中，才能目标明确，也才能更有针对性。要知道，标准不在多，而在于精。

（2）不要用多标准试图打造"完美"

人或多或少都会有追求"完美"的心理，进而对周围的人要求过多。可人无完人，每个人在做事情的过程中，都会有值得学习的地方，同样也会有这样或者那样的不足。对于优秀的地方，你理应接受。可对于那些不尽如人意的地方，就要学会适应和接受，同时也可以叮嘱对方尽量注意，但绝不是在下次对方做事情的时候，又加上一条他该如何做的标准。

❖ 权威效应：请坚持自己的观点

所谓"权威效应"，就是指说话的人如果地位高、有威信、受人敬重，则他所说的话就容易引起别人重视，并使人相信其正确性。即我们平时所说的"人微言轻、人贵言重"。

1982年，佛罗里达航空公司发生了飞机坠毁事件。飞机坠毁后，相关部门对这起坠机事件进行了调查，最终得出坠毁的主要原因是飞机机翼上的冰导致的结论。

可就在飞机起飞前，曾发生这样一幕：当时副驾驶已经发现了这个问题，并曾向机长提出过应该检查一下的建议。但由于机长是一个拥有多年航空飞行经验的人，加之他多年对工作认真负责的态度，早已经在这个领域树立了相当的权威，所以，当副驾驶听机长说这没什么大的问题后，便再也没提及这件事情。就这样，飞机在飞行到波托马克河时坠毁了。

上例故事中，副驾驶其实已经发现了隐患，可为什么明明知道有隐患，还是会听从机长的建议认为这没问题呢？原因就在于人们有"安全心理"，即人们总认为权威人物往往是正确的楷模，服从他们会使自己具备安全感，增加不会出错的"保险系数"。其次是由于人们有"赞许心理"，即人们总认为权威人物的要求往往和社会规范相一致，按照权威人物的要求去做，会得到各方面的赞许和奖励。心理学将由这种心理引发的现象称作权威效应。

在哥伦布航海获得成功后，很多人假借航海之名出入王宫，于是获得国王资助出海的事情变得异常艰难。为了赢取国王的支持，麦哲伦邀请了当时有名的地理学专家路易·帕雷伊洛与其一同前往，面见国王。结果，正是路易·帕雷伊洛将地球仪摆在国王面前合情合理的叙述，以及他对麦哲伦航海必要性的介绍，说服了西班牙国王。

麦哲伦之所以成功地得到国王的支持，实现航海的意愿，借助的正是权威效应的影响力。他利用了路易·帕雷伊洛这个地理学专家的权威号召力，征服了国王，进而赢得了资助。

除此之外，生活中我们也经常会看到一些人，在利用权威效应为自己服务。例如，商家为了获得顾客，在为一个产品做广告的时候，总会请一些知名及权威人物去做代言；在辩论会上，那些辩手们为了证明某种观点，总是会引用各种权威人物的话作为论据等。

那么，该怎样增强自身的权威性呢？现将具体方法总结如下。

（1）用原则增强自身的权威感

心理学上认为，当一个人身上带着这些能够增强个人威信的东西时，便能够释放出一种权威的信号，而原则无疑是增强这种权威信号的有力工具，这里的原则包括很多因素。比如，自身的责任感，一贯的诚实守信的为人，为人处世的君子风度，非凡的气度、心胸。

当你被周围的人冠以这种标志时，那么你便会在不知不觉中树立起自身的权威感。这样当你"驾驭"他人的时候，对方就会不知不觉地被你身上的这种权威感所折服。

（2）生动的表达也是增强权威性的重要元素

有时我们会发现，当某个人在说话的时候，总是小声或者不敢抬头看周围人，人们就会怀疑他所说的事情，常用"说话没底气"来形容。而当有的人，说话总是大声、生动且语调、语速、表情、神态都表达出一种激情四射的坚定时，我们心里就算不能立刻支持他，也会产生几分敬畏。人们常用他说得头头是道来形容这样的场景。

而事实上，正是由于表述增强权威性的不同，产生了完全不同的感受。所以，聪明的人即使在表达上也会特别生动，因为他们深知这能增强自身的权威性，而信任和追随权威又是人们普遍的共性。

测试：你有决策能力吗？

现在的人要想做出一流的业绩，取得非凡的成就，无疑需要具备多方面卓越的能力。但相比其他各项能力来说，决策力则是重中之重。那么，你是否具有决策力呢？做完下列测试你就会知道。

1.你的分析能力如何？

A.我喜欢通盘考虑，不喜欢在细节上考虑太多。

B.我喜欢先做好计划，然后根据计划行事。

C.认真考虑每件事，尽可能地延迟做决定。

2.你能迅速地做出决定吗？

A.我能而且不后悔。

B.我需要时间，不过最后一定能做出决定。

C.我需要慢慢来，如果不这样的话，我通常会把事情搞得一团糟。

3.进行一项艰难的决策时，你有多高的热情？

A.我做好了一切准备，无论结果怎样，我都可以接受。

B.如果是必需的，我会做，但我并不欣赏这一过程。

C.一般来说，我都会避免这种情况发生，我认为最终都会有结果的。

4.你有多恋旧？

A.买了新衣服，就会捐出旧衣服。

B.旧衣服有感情价值，我会保留一部分。

C.我还有高中时代的衣服，我会保留它。

5.如果出现问题，你会：

A.立即道歉，并承担责任。

B.找借口，为自己解脱。

C.责怪别人，说主意不是我出的。

6.如果你的决定遭到了大家的反对，你的感觉如何？

A.我知道如何捍卫自己的观点，而且通常我依然可以和他们做朋友。

B.首先我会试图维持大家之间的和平状态，并希望他们能理解。

C.这种情况下，我通常会听别人的。

7.在别人眼里你是一个乐观的人吗？

A.朋友叫我"拉拉队长"，他们很依赖我。

B.我努力做到乐观，不过有时候，我还是很悲观。

C.我的角色通常是"恶魔鼓吹者"，我很现实。

8.你喜欢冒险吗？

A.喜欢，这是生活中比较有意义的事。

B.我喜欢偶尔冒冒险，不过我需要好好考虑一下。

C.不能确定，如果没有必要，我为什么要冒险呢？

9.你有多独立？

A.我不在乎一个人住，我喜欢自己做决定。

B.我更喜欢和别人一起住，我乐于做出让步。

C.我身边的人做大部分的决定，我不喜欢做决定。

10.让自己符合别人的期望，对你来讲有多重要？

A.不是很重要，我首先要对自己负责。

B.通常我会努力满足他们，不过我也有自己的底线。

C.非常重要，我不能冒险失去与他们的合作。

【评分标准】

选A计10分，选B计5分，选C计1分，最后计总分。

【测试分析】

24分以下：差。你现在的决策方式将导致"分析性瘫痪"。这种方式对你的职场开拓是一种障碍。你需要改进的地方可能有下列几个方面：太喜欢取悦别人，分析力过强，依赖别人，因为恐惧而退却，因为障碍而放弃，害怕失败，害怕冒险，无力对后果负责。测试中，选项A代表了一个有效的决策者所需要的技巧和行为。做一个表，列出改进你决策方式的办法。考虑阅读一些有关决策方式的书籍，咨询专业顾问。

25~49分：中下。你的决策方式可能比较缓慢，而且会影响到你的职场开拓。你需要改进的地方可能是下列一个或几个方面：太在意别人的看法和想法，把注意力集中于别人的观点之上，做决策畏畏缩缩，不敢对后果负责。这样的话，就需要你调整自己的心态，并做一个表列出改进你决策方式的办法。

50~74分：一般。你有潜力成为一个好的决策者。不过你存在一些需要克服的弱点：你可能太喜欢取悦别人，或者你的分析力太强，也可能你过于依赖别人，有时还会因为恐惧而止步不前。要确定自己到底哪些方面需要改进，你可以重新看题，把你的答案和选项A进行对照。做一个表，列出改进你决策方式的办法。

75~99分：不错。你是个十分有效率的决策者。虽然有时你可能会遇到思想上的障碍，减缓你前进的步伐，但是你有足够的精神力量使自己继续前进，并为自己的生活带来变化。不过，在前进的道路上要随时警惕障碍的出现，充分发挥你的力量，这种力量会决定一切。

100分：很棒。完美的分数！你的决策方式对于你的职场开拓是一笔巨大的财富。

第 八 章

❖

借点好风：逆袭你的真实人生

❖ 借来身边的"人力资源"

凭自己的能力赚钱固然是真本事，但是，能巧妙借他人的力量赚钱，却是一门高超的艺术。

在日本东部有一个风光旖旎的小岛——鹿儿岛，因气候温和、鸟语花香，每年吸引大批来自各地的观光客。有一位名叫阿德森的人在日本经商已有多年，第一次登上鹿儿岛之后，便喜欢上了这里，决定放弃过去的生意，在此建一个豪华气派的鹿儿岛度假村。

一年后，度假村落成。但由于度假村地处一片没有树木的山坡，一些投宿的观光客总觉得有些许扫兴，建议阿德森尽快在山坡上种一些树，改善度假村的环境。阿德森觉得这个建议好是好，但工钱昂贵，又雇不到人，因此迟迟无法实现。

不过，阿德森毕竟是个聪明人，天生就是做生意的料。他脑子一转，立即想出了一个妙招——借力。他迅速在自家度假村门口及鹿儿岛各主要路口的巨型广告牌上打出一则这样的广告："各位亲爱的游客，您想在鹿儿岛留下永久的纪念吗？如果想，那么请来鹿儿岛度假村的山坡上栽上一棵'旅行纪念树'或'新婚纪念树'吧！"

那些常年生活在大都市的城里人，在尾气和噪音中生活久了，十分渴望到大自然中去呼吸一下新鲜空气，放松身心，如果还能亲手栽上一棵树，留下"到此一游"的永恒纪念，对他们来说，是一件非常有意思的事情。于是，各地游客都纷纷慕名而来。

一时间，鹿儿岛度假村变得游客盈门，热闹非凡。当然，阿德森并没有忘记替栽树的游客准备一些花草、树苗、铲子和浇灌的工具，以及一些为栽树者留名的木牌，并规定："游客栽一棵树，鹿儿岛度假村收取300日元的树苗费，并给每棵树配一块木牌，由游客亲自在上面刻上自己的名字，以示纪念。"到此游玩的人谁不想留个纪念呢？

一年之后，鹿儿岛度假村除食宿费收入外还收取了"绿色栽树费"共1000多万日元，扣除树苗成本费400多万日元，还赚了近600万日元。几年以后，随着幼树成材，原先光秃秃的山坡变成了小森林。

让你出钱又出力，还让你高兴而来，满意而归，这似乎是不可能的事情。但是，阿德森做到了，他并不是凭空想象出来的，而是他利用都市人渴望与大自然亲密接触的美好愿望推出的"奇招"。即让自己受益，又能让对方受益，这就是所谓的"借力"。

"借力"的要点就是互借互利，不让别人受益，别人肯定是不会为你所用的，比如，前述故事中，如果栽树不能满足都市人的这一心理需求，他们是肯定不会自己掏钱去替阿德森免费栽树的。

拿破仑曾经说过一句这样的话："懒而聪明的人可以做统帅。"所谓"懒"，指的就是不逞能、不争功，能让别人干的自己就不去揽着干。尽量借助别人的力量，这在某种意义上来说，是在告诫现实生活中那些渴望成功的人：要善于"借力"。别人会干，等于自己会干。

那么，人们具体该如何来用好这一招呢？

（1）借上司的"力"

首先，要充分理解上司的真实意图。当你被委以重任时，上级对你说："好好干啊！"于是你就回答说："我一定好好干。"似乎如此回答是理所当然的。可是从一开始，你就犯了一个错误，因为你不清楚被拜托的是什么？要好好干的是什么？为什么要干？干到什么时候？干到什么程度？等等……所以，应该明白上司的真实意图，站在上司的角度考虑问题，在实践的过程中还要经常征求上司的意见和建议。

其次，要明白上司的难处，关键时候还要主动站出来做出一些自我牺性或放弃自己的个人利益，上司自然会认为你够朋友、讲感情、有觉悟，你在他心目中的形象就会更好。

最后，不要喧宾夺主。有些人，有了些权力之后，就自以为大权在握，就不把别人，甚至上司放在眼里，那么离炒鱿鱼就不远了。

（2）借同级的"力"

俗话说："孤掌难鸣。"如果在工作时得不到同事的支持，很多时候是很难有所作为的。当然，作为同事，有时候免不了有利益冲突，比如，政治荣誉的归属和经济收益的分配等……这时候，就应该学会谦虚，主动礼让，不要争功，更不要揽利。应主动征求同事对自己工作和作风上的意见和建议，彼此真诚相待。

（3）敢于"借贷款"

小商品经营大王格林尼说过："真正的商人敢于拿妻子的结婚项链去抵押。"小心谨慎地做自己的生意，固然是必要的，但要在商圈上成大气候，还得要大胆地向前迈步走，事实上，不少白手起家的富翁没有不借债的。

法国著名作家小仲马在他的剧本《金钱问题》中说过这样一句话："商业，这是十分简单的事。它就是借用别人的资金！"也证明了财富是建立在借贷上的。但还是需要创造财富者有充分利用借贷，擅长利用借贷款的能力。

（4）借别人的脑袋、技术来为自己所用

借别人的脑袋、技术来为自己所用，善于将别人的长处最大限度地变为己用，这是最聪明的办法，最省钱、省事、最快的成功捷径。

（5）借助舆论，壮大你的优势

从明星的绯闻到政客的传奇，诸多事件都验证了舆论的强大威力。在社会上，舆论像汹涌的波涛，可以把你淹没海底，也可以把你推上天空。

真正有心计的人，几乎都是善于利用舆论来为自己服务，牢牢地锁定目标，制造出"非我莫属"的声势。你要善于人为地为自己制造一些焦点和声势。即使有雄心也不要急于行动，而是利用方方面面的力量，为达到自己的真正意图摇旗呐喊，最终达到自己的目的。

（6）找一棵可以遮风避雨的"大树"

人生路上充满了很多的艰辛坎坷，光靠一个人的努力有时难以面对，显得势单力薄。因此，找到一棵可以遮风避雨的"大树"，进可以攻，退可以守，有了坚实的后盾做靠山取得成功也就易如反掌。

首先，什么样的人适合作为靠山？这可是最重要的问题，以下几个方面可供参考。

有家世背景的人

显赫的家世自然让你受益匪浅，但是你同时要明白家世背景不一定保证他一辈子风光，如果他品行不正、能力不行，那么，跟这种人相处也不长远。

功成名就之人

找这种人当"大树"，除非你有特别的表现，或者你的某些长处正好被人看中，否则你再怎么"跟"，他还是看不见你！

有能力有潜力之人

这种人可能是跟随的最好人选，他们是一种"潜力股"，一时看不出效益，如果长期做下去必有收获。但有能力有潜力的人也不一定最终飞黄腾达，人的机遇是很难说的，所以你要无怨无悔地"跟"！

其次，要应对"大树"对你的考验。你必须在和他往来之间，让他了解你的能力、上进心、人格、家世和忠诚。也就是说，要他能够信赖你，这就需要一个过程，而这一过程可能需要半年、一年，也有可能更漫长，而你不仅要好好表现，还要在难熬的岁月中等待机会，应对"大树"对你的考验。

最后，要提醒你的是，当你找到自己的"靠山"与"乘凉之树"后，不能完全倚仗他人来生活，你还得更加努力，只是利用一下他人给你提供的条件罢了。

❖ 把"虾米"联合起来，能帮你吃掉"大鱼"

"大鱼吃小鱼，小鱼吃虾米"，这是现实中残酷的竞争法则。不过，你若是想在社会上站稳脚跟，击败对手，有时候仅靠自己的力量是不行的。

在这种情况下，你不妨联合周围可以联合的"虾米"，然后一起去吃掉你想吃掉的"大鱼"，这样做效率往往会更高。

千万不要小觑小力量的集合。

1973年石油危机之前，总公司设于东京新宿区的食品超级市场三德的董事长——堀内宽二大声呼吁："中小型超级市场跟大规模的超级市场对抗，要生存下去的唯一途径就是团结。"

可是，当时响应的只有10家，总营业额也不过只有数十亿日元而已。但是，现在的日本联合超级市场的加盟企业，从北海道到冲绳县共有255家，店铺数达到3000家，总销售额高达4716亿日元，遥遥领先大隈、伊藤贺译堂、西友、杰士果等大规模的超级市场。而且，日本联合超级市场的业绩，竟然是号称"巨无霸"的大隈超市的两倍。尤其近几年来，日本联合超级市场的发展更为迅速。1982年2月底，联合超级市场集团的联盟企业有145家，加盟店的总数有1676家，总销售额2750亿日元。但是，从第二年起，加盟的企业总数就增加为178家，继而187家、200家、253家地持续膨胀，同时加盟店的总数也由1944家增加为3000家……

原来是一个微不足道的超级市场经营者——堀内宽二，凭借着中小型超级市场不团结就无法生存的信念，草创成立的联合超级市场，发展到今天，他本人也不会料想到的庞大阵容。目前，日本全国都可以看到联合超级市场的绿色广告招牌。

中国有句俗语："众人拾柴火焰高。"意思是说，通过联合的力量，以实现个人力量所不能实现的目标。

我们都很清楚，借人之力是获取成功的捷径之一。但是在这条捷径上人们往往习惯于将目光聚焦到那些有权势、有财富的名人和富豪身上，认为只有这些人才是自己人生路上的贵人，才能给自己的成功添砖加瓦。

可是，大人物是高高在上的，有时候，别说去求他们，就连接触到他们都很困难。遇到这样的情况你该怎么办？坐以待毙，还是就靠自己的蛮干？不用发愁，你不妨将目光投到某些小人物身上。

要知道"大小"并不是绝对的，二者可以转换的。对待"小人物"，你没有必要一味地趾高气扬，应该懂得变通，没有大人物可以选择的时候，能向小人物借力也是不错的选择。在历史上"鸡鸣狗盗之辈"，曾经帮孟尝君逃脱大难，不就是很好的证明吗？

小人物就像小螺丝钉，用得得当，就能推动大机器的运转。不要小看"小人物"，有的时候，"小人物"却有"大用处"。

因此，在人际交往中，要灵活变通，千万不要只结交那些所谓的达官贵人，而要懂得和小人物建立关系，而且，更不可得罪"小人物"，尤其是那些大人物身边的"小人物"，虽小却能亲近大人物，只要能巧妙地借助他们的力量，同样可以助你办成大事。

❖ 万事俱备，巧借"东风"

"万事俱备，只欠东风"出自火烧赤壁这个典故。

三国时期，周瑜对诸葛亮说："你3天之内，给我打造10万支箭来。"这是根本不可能完成的任务，诸葛亮却答应了下来。

在一个大雾蒙蒙的早上，诸葛亮派出几千艘木船，船上扎满了稻草，佯装攻打曹营的样子。曹操一看以为是蜀军的埋伏，命令所有的弓箭手万箭齐发，结果箭一支支射到了船的稻草上。不到一个时辰，诸葛亮就收到曹操送来的10多万支箭。

这就是历史上著名的"草船借箭"的故事。

在现实生活中也是这样，在做一件事情时，大部分都准备好了，但就是差那么一股"东风"。在这种情况下，只有学会"借"，事情才会出现转机，问题才能解决。

英国大英图书馆，是世界上著名的图书馆，里面的藏书非常丰富。有一次，图书馆要搬家，也就是说从旧馆要搬到新馆去，结果一算，搬运费要几百万，根本就没有这么多钱。怎么办？有人给馆长出了个注意。

图书馆在报上登了一个广告：从即日开始，每个市民可以免费从大英图书馆借10本书。结果，许多市民蜂拥而至，没几天，就把图书馆的书借走了。

书借出去了，怎么还呢？

　　这时候图书馆再一次发布消息：借阅者还书请到新馆。就这样，图书馆借用借阅市民的力量搬了一次家。

　　给予，有时也是一种借力。

　　借力不仅是一种能力，也是一种勇气，更是一种智慧。

　　懂得借力发力的人，能够以小博大、以弱胜强、以柔克刚，能够四两拨千斤。就足以显示反击正是所谓的"借力使力"，就是利用契机，再加上自己的力量，发挥"相乘效果"，一举获得成功。

　　阿基米德说："给我一个支点，我可以撬动地球。"而"借"的关键就是能够找到这个支点所在。

　　这个"支点"就是"借"的契合点，它是你需要的，却又是对方所独具的。所以"借"绝对不是简单的依赖和等待，而是一场有准备的"战斗"，是用巧妙的智慧换取财富。从这一点来说，你首先要对自己有充分的了解，你的强项是什么，怎样的"外援"会对你有帮助？接下来在对市场充分了解的基础上，你就可以锁定自己的靠山，然后通过有效的"嫁接"，真正达到"借"的目的。所以"借"是主动的，它是你根据实际需要做出的选择。

　　有这样几条思路或许可以成为"借"的借力目标。

　　（1）借"智力"

　　或者说是"思路""经验"等，比如，有些投资大师有不少好的经验，这都是他们经过多年的成功与失败得出的制胜法宝，它们显然可以让你的投资少走许多弯路。

　　（2）借"人力"

　　这就是所谓的人气，一个品牌、一处经营场所，甚至是一位名人，其周边可能聚集了不少类别分明的人群，如果能把你自己生意的目标消费群与之结合起来，其结果可能就是投入不大利润大。

（3）借"潜力"

良好的社会经济发展前景诱惑无疑是巨大的，它也会给你的投资带来有效的增值空间，像城市的建设规划以及中小城市的发展计划等，都是值得人们关注的焦点。

但在这里需要说明的是，"借"与盲目跟风有着本质的区别。"借"通过了解、准备、研究、比较和选择等多个步骤才能获得成功，而如果随意地跟风模仿，反而会给你带来不小的风险。有些投资者不考虑周围环境和自身的不同实际，不看实际效果是否有效，不看时机是否成熟，不看条件是否具备，生搬硬套，盲目地跟着别人走，这显然是与"借"的本意相违背的。

对此，你可以把握住这样几点。

（1）自身是不是适合是关键，并不是所有的产品都能产生这样的效果。比如，如果不能将对奥运的热情转移给产品，那么带来的结果就是让奥运营销成为"空中楼阁"。

（2）一个好的"借"的对象也要区别对待，比如，同样是城市建设规划，不同区域产生的效果都是不一样的，这就需要投资者运用各种信息进行研究、分析、比较，最终"借"上真正有潜力的规划。

（3）即使找到了正确的方向，"借"的过程也要讲究技术，比如你"借"上了大店铺的客源，就可以考虑将经营时间与大店铺错开，以避其锋芒、捡其遗漏。

（4）"借"同样也可能会遭遇到不可预见的风险，其中最为典型的就是连锁加盟，有些项目由于本身含金量不高，甚至带有欺骗性质，让许多投资者遭遇了滑铁卢，对此你必须多加留意。

❖ 朋友，千万不要在用得着时方恨少

每个人的一生都会交许多朋友，他们有的会成为你的至交，有的会持续交往，有的也会中断。交朋友固然不必勉强自己和对方，但也不妨采取更有弹性的做法，不投缘的也不必"拒绝往来"，可以把他们通通纳入你的"朋友档案"。

美国前总统克林顿回答北大学生如何保持其政治关系网时说："每天晚上睡觉前，我会在一张卡片上列出我当天联系的每一个人，注明重要细节、时间、会晤地点以及与此相关的一些信息，然后输入秘书为我建立的关系网数据库中。这些年来，朋友们帮了我不少。"

克林顿提出，建立"朋友档案"有下面几个部分需要注意：

（1）把你同学的资料整理并做成记录

毕业经过数年后，你的同学可能会分散在全国各地，从事各种不同的行业，有的甚至已成为某一行业或某一领域的"重量级"人物。当有需要时，凭着老同学的关系，相信会在某种程度上给你帮忙。这种老同学关系可从大学向下延伸到高中、小学，如能加以掌握，这将是人生中一笔相当大的资源。当然，建立好同学关系需要经常参加同学会、校友会并且注意他们的动态。

（2）整理周围朋友的资料并对他们的专长做出详细的记录

比如，他们的住所、工作有变动时要修正，以防必要时找不到人。准确掌握这些变动的情形有赖于平时与他们联系。

同学及朋友的资料是最不应疏忽的。你还可以记下他们的生日，不嫌麻烦的话在他们生日时写一张贺卡或请他们吃个便饭，保证会使你们的关系突飞猛进。若能维持好这些关系，就算他们一时帮不上忙，也会介绍他

们的朋友助你一臂之力。

（3）在应酬场合认识的，只交换名片，还谈不上交情的"朋友"也是不可忽视的

这种"朋友"在各行各业的各种阶层都会有，不应该把他们的名片丢掉，而应该在名片中尽量记下这个人的特点，以备下次再见面时能"一眼认出"。重要的是名片带回家后要依姓氏或专长、行业分类保存下来。当然不必刻意去结交他们，但可以借故在电话里向他们请教一两个专业问题，话里自然要提一下你们碰面的场合，或你们共同的朋友，以唤起他对你的印象。有过"请教"，他对你的印象自然会深刻些。当然，这种"朋友"不可能帮你什么大忙，因为你们没有进一步的交情，但是他们帮你一些小忙应该是没有什么大问题的。

（4）仅仅建立朋友档案是不够的，要学会维护

建立朋友档案时，利用计算机、笔记本以及名片册的方法各有长处，但不管用什么方法，都应该记住，每个朋友都要保持一定的关系，千万不要"用得着时方恨少"。那些办事处处通的人除了有他们本身的优越条件之外，还有一点就是他们身边有一群非常要好的朋友。这些朋友为他出谋划策，对他提出更高的要求而不让他有丝毫的松懈和放弃。这样的人大都是善用"朋友档案"的人。

很多时候，仅仅建立"朋友档案"是远远不够的，最重要的是利用"朋友档案"来帮助自己。

比如，把别人的生日、兴趣爱好等内容收集起来，你就会加深对他的了解，与他谈业务或是进行生意交往时可以找出他关心的话题，谈他最钟爱的事物。这样做不仅会受到他们的欢迎，更会使你的业务得以扩展。

杜维诺面包公司的老板杜维诺一直试着把面包卖给纽约的某家饭店，一连4年，他每天都要打电话给这家饭店的老板，并去参加那个老板的社交聚会，为了争取到这个客户，与饭店老板成交这笔面包生意，他还在该

饭店订了个房间，以便有机会与老板商谈。但是长时间的努力并没有任何结果。

杜维诺决定改变策略，他收集了这家饭店老板的个人资料，终于找到他最感兴趣、最热衷的东西。原来这家老板是"美国旅馆招待者"旅馆人士组织的一员，由于他的热情，他还被选举为主席以及"国际招待者"的主席。不论会议在什么地方举行，他都会出席，即使跋涉千山万水也不例外。给他建立一个小档案后，杜维诺再见到那个饭店老板的时候开始谈论他的组织。那个老板跟他说了半个小时，都是有关他的组织的，语调充满了热情，并且一直微笑着。

在杜维诺离开他的办公室前，他还把他组织的一张会员证给了杜维诺。在交谈过程中，杜维诺一点都没有提到卖面包的事，但过了几天，那家饭店的厨师长打电话要他把面包样品和价目表送过去。

杜维诺无不感慨地说："我缠了那个老板4年，就是想和他做大生意。如果我不建立他的个人小档案，不用心找出他的兴趣所在，了解他喜欢的是什么，那么我至今也不能如愿。"

建立和善用"朋友档案"是一种深刻了解人并与之保持有效联系的方式。掌握了这种方法并加以利用，就等于为自己的成功做了铺垫。

良好、稳固及有力的关系核心应由10个左右靠得住的人组成。

这10个人可以包括你的朋友、家庭成员以及那些在你职业生涯中联系紧密的人，他们构成你的影响力内部圈，希望你能发挥所长，而且你们彼此都希望对方成功、幸福。当双方建立了稳固关系时，彼此会激发出强大的能量，还会激发对方的创造力，使彼此的灵感达到至美境界。

为什么将你的影响力内部圈人数限定为10个人呢？

因为强有力的关系需要你一个月至少维护1次，因此10个人或许要用尽你所有的时间。另外应至少挑选15个人乍为你"10人内部圈"的后备力量并经常与他们保持联系。

❖ 同船出海，慎重选择合作伙伴

能够跟和自己拥有相同原则的人一起生活是幸福的，一个人一生中，真正的志同道合者寥寥无几。而正是这寥寥无几的人，适合和自己同船出海。

周围的人会对你产生巨大的影响，但问题是，不是所有的人带给你的影响都是有帮助的、和你有着共同方向的。

人说，知己难寻。人说，前世千百次的回眸，才换来今生的擦肩而过。意思是说，在这个世界上，能够和你并肩战斗的人都是少数，而选对这些能够和你一起战斗的人就显得至关重要。它是你能否成功的一个关键因素。

曾国藩当年和太平军打仗，清朝的满族士兵都丧失了战斗力，被外国人和太平军打败了，朝廷让曾国藩自己招兵买马，组建军队。曾国藩也不含糊，很快就组建了一支军队。这支军队就是湘军，湘军很出名，战斗力也很强，在剿灭太平天国的战斗中立下了大多数的战功。湘军战斗力强，作战凶狠不怕死，甚至比太平军还要狠。

湘军之所以战斗力很强，是因为曾国藩心里清楚，一支军队战斗力的高低和士兵的素质直接相关。所以，参军的人一定要有能力。可不是所有人都有能力，而且还有其他因素，比如决心、能否吃苦、怕不怕死等。

曾国藩思虑了很长时间，清朝那么大的地盘，能够满足他的要求的，只有一个地方的人，这就是他的老家湖南的人。他依靠师徒、亲戚、好友等复杂的人际关系，建立了一支地方团练，这就是后来的湘军。曾国藩清楚，不是所有人都会和自己一条心，最可靠的人就是身边有着伦理道德关系的人。

除此之外，他招收士兵很有自己的见解。他的湘军士兵，几乎无一不是黑脚杆的农民。这些朴实的农民，既能吃苦耐劳，又很忠勇，一上战场，则父死子代，兄代弟继，义无反顾。年轻力壮、朴实而有农夫气者为上。油头粉面而有市井气者，有衙门气者，概不收用。山僻之民多悍，水乡之民多浮滑，城市多浮情之习，乡村多朴拙之夫。

这是因为曾国藩明白，能够和自己共同战斗的人，只是少数，而这少数，就是农民以及自己的同乡，大家的性命、前途绑在一起，共同做事情才更安全可靠。

在海上，风急浪高，一不小心就要搭上性命，所以出海之前，船长总会慎重地选择船员，这样才能将风险降到最小。

人们的生活也是一样，虽然没有浪花，却有诸多看不到的暗礁，在这种情况下，选择同伴就显得非常重要了。

（1）你是否了解自己

在寻找他人之前，你首先要了解你自己："你的个性如何，你的喜好是什么，你的严责和底线又是什么。你擅长什么，能力如何，是否有协调性，你的优势是什么，劣势是什么……"如果你不能对自己做出一个全面准确的判断，那么你就很难知道自己究竟需要什么样的合作伙伴。

（2）双方目标是否一致

合作的关键，在于双方的目标是否一致。目标一致，你的竞争对手也能成为你的合作伙伴。这个目标既可以是短期的小目标，也可能是长期的大目标。只要目标一致，预计的结果能够让双方有所收益，你们就有合作的可能。

（3）对方能力如何

准确地估计自己的能力，还要全面地调查合作者的现状和能力，如果双方的实力旗鼓相当，往往能产生不错的合作结果。考察对方能力的时候，既要看到对方过往的成绩，也要看到他现在的状况以及未来的发展潜力。不要单凭对方的一面之词就草率地决定合作，事前考虑好过事后懊悔。

（4）你能否与对方沟通

即使你们的能力相当，你也要弄清你们是否容易沟通，是否会出现鸡同鸭讲的情况。如果你们不能准确快速地理解对方的意图，如果你们对目标的具体理解存在很大差异，那么，在事情执行过程中，很可能因为沟通不当造成合作破裂，因为沟通不当造成的失败没有任何意义。所以，在事前确定双方是否能够很好地沟通，至关重要。如果双方没有沟通的意愿，都喜欢自行其是，无法做到步伐统一，那么这样的合作不要也罢。

（5）是否有根本利益冲突

目标一致，不代表合作能够进行到最后。如果你与你的合作者有根本利益冲突，合作早晚面临破裂，所以，可以考虑选择其他合作者。如果必须与其合作，就要小心行事，步步观察。

（6）对方的人品如何

合作者的人品是你必须慎重考虑的因素，他是否讲原则、重承诺、守信用，是保证你们顺利合作的前提。此外，最重要的一点是合作者的责任感，他是否能够与你一起承担事业的风险，在困难的时候，有责任感的人不会弃你于不顾，和一个有责任感的人共事，等于给这份合作上了保险，即使失败，也不是由你一个人承担。

（7）双方是否有互补的一面

合作是一个取长补短的过程，如果你们之间有互补的一面，充分发挥自己的优势，就能实现最佳的资源配置，所谓1+1>2。如果能在合作的过程中学到对方的优点，对于自己的发展也有不可估量的益处。

（8）能否产生默契

合作双方要有默契，否则会造成合作双方状况的紊乱，甚至造成不必要的误会。默契的基础在于信任，如果不能相互信任，就不会产生默契。

所以，考察对方是否值得你信任，是判断你们之间能否产生默契的第一步。有了信任，再加上良好的沟通，产生默契并不是一件困难的事。

（9）对方是否有包容心

在合作中，难免出现错误。你必须判断当你出现错误的时候，对方是否能够包容你，那些能够原谅你的小错误，以大目标为前提继续合作的人，是你的首选合作对象。但是，如果一个人表示，他能够原谅你出现战略性原则错误，你千万不要与他合作。合作的目的在于互助与互相监督，如果他能够原谅你的战略性原则错误，就代表他并不重视这次合作，也代表你必须原谅他的这一类错误，这样的合作不利于成果的产生。所以，合作伙伴要有包容心，但是不能一味包容。

（10）是否能接受彼此的缺点

合作伙伴不会十全十美，你如此，他也一样。你们有相同的目标，互补的能力，还有一个很关键却也很容易被忽视的问题——彼此愿不愿意接受对方的缺点。

接受彼此的缺点，就是接受对方身上你根本无法赞同的部分。你愿意为这份合作做出让步或妥协，以保证结果的顺利。如果无法接受对方缺点，合作过程势必会有摩擦，很可能导致合作的破裂。

寻找合作伙伴，本身就是一个考验你的眼光与能力的行为，你的标准是否合适、判断是否准确、了解是否全面，直接决定了合作是否能够顺利。尽量在每一次合作中重视对方，吸取经验，给你的合作伙伴留下良好的印象，这样既会提升他人对你的好感，也为你们下次合作预留了空间。

❖ 凝集多数人的智慧，往往是制胜的关键

有句话说得好："只有聆听别人意见的人，才能集大成。"无论是多么优秀的人，只靠自己的力量是有限的。尤其在当今这个竞争激烈的社会里，凝集多数人的智慧，往往是制胜的关键。就算你是一个"天才"，凭借自己的想象力，也许可以获得一定的成功。但如果你懂得让自己的想象力与他人的想象力结合，就定然会产生更大的成就。

每一个人的构想与思维都是不一样的，所以说，人越多，就越容易想出好的办法，这正应了"一千个读者，就有一千个哈姆雷特"，集众人的意见，可能会产生意想不到的效果。

日本东京有一个地下两层的饮食商业街，整个广场都显得死气沉沉。

一天，商业街董事长突发奇想，如果有一条人工河就好了！不但来往的人群能听到脚底下潺潺的流水声，而且广场上还有人工瀑布。这确实是很适合"水都街区"的创意。

大家对董事长的构想很心服，于是有人访问他。他回答说，挖人工河的构想并不是一开始就有，而是几个年轻设计师一起讨论时，有一个突然说："让河水从这里流过如何？"

"不，如果有河流的话，冬天会冷得受不了。"

"不，这个构想很有趣。以前没有这么做，我们一定要出奇制胜。"

于是，有反对和赞成两种意见。最后，大家一致通过这个构想。

由此可见，一个好的创意的产生与实施，光靠企业家自身的力量和努力是不够的，需要集思广益，必须在自己周围聚拢起一批专家，让他们各

显其能，各尽其才，充分发挥他们的创造性作用。

一个人若想取得成功，就要发挥集思广益的最高境界，综合所有的智慧成精华。要善于倾听大家不同的意见与看法。就好比吃饭，一个善于集思广益的人就是一个不挑食的人，他的营养就会比较均衡，身体就会非常健康，而一意孤行、只认可相同意见的人就好比是偏食严重，那他的营养成分就很不均衡，身体自然就会出现病怏怏的反应，直至整个人完全垮掉。

在工作中，不难发现，集思广益的合作威力无比。

一个人有无智慧，往往体现在做事的方法上。山外有山，人外有人。借用别人的智慧，助己成功，是必不可少的成事之道。

你应该明白，不嫉妒别人的长处，善于发现别人的长处，并能够加以利用，协调别人为自己做事，与合作人之间建立良好的信誉，是成大事的基本法则。

如果你觉得有必要培养某种自己欠缺的才能，不妨主动去找具备这种特长的人，请他参与相关团体。三国中的刘备，文不如诸葛亮，武不如关羽、张飞，但他有一种别人不及的优点，那就是一种巨大的协调能力，他能够吸引这些优秀的人才为他所用。多一样才华，等于锦上添花，而且通过这种渠道结识的人，也将成为你的伙伴、同事、专业顾问，甚至变成朋友。所以，能集合众人才智的公司，才有茁壮成长、迈向成功之路的可能。

能够发现自己和别人的才能，并能为我所用，就等于找到了成功的力量。聪明的人善于从别人身上吸取智慧的营养，用来补充自己。从别人那里借用智慧，比从别人那里获得金钱更为划算。读过《圣经》的人都知道，摩西算是世界上最早的教导者之一，他懂得一个道理，一个人只要得到其他人的帮助，就可以做成更多的事情。

当摩西带领以色列子孙前往上帝许诺给他们的领地时，他的岳父杰塞罗发现摩西的工作实在过度，如果他一直这样下去的话，人们很快就会吃苦头了。

于是，杰塞罗想法帮助摩西解决了问题。他告诉摩西将这群人分成几组，每组1000人，然后再将每组分成10个小组，每组100人，再将100人分成2组，每组各50人。最后，再将50人分成5组，每组各10人。

然后，杰塞罗又教导摩西，要他让每一组选出一位首领，而且这位首领必须负责解决本组成员所遇到的任何问题。摩西接受了建议，并吩咐那些负责1000人的首领，分别找到能够胜任的伙伴，很快，摩西发现人们的生活变得井然有序了。

用心去倾听每个人对你的计划的看法，是一种美德，它是一种虚怀若谷的表现。他们的意见，你不见得各个都赞同，但有些看法和心得，一定是你不曾想过、考虑过的。广纳意见，将有助于你迈向成功之路。

万一你碰上向你浇冷水的人，即使你不打算与他们再有牵扯，还是不妨想想他们不赞同你的原因是否很有道理？他们是否看见你看不见的盲点？他们的理由和观点是否与你相同？他们是不是以偏见审视你的计划？问他们深入一点的问题，请他们解释反对你的原因，请他们给你一点建议，并中肯地接受。

另外，还有一种人，他们无论对谁的计划都会大肆批评，认为天下所有人的智商都不及他们。其实他们根本不了解你想做什么，只是一味认为你的计划一文不值，注定失败，连试都不用试。这种人为了夸大自己的能力，不惜把别人打入地狱。

要是碰上这种人，别再浪费你宝贵的时间和精力，苦苦向他们解释你的理想一定办得到。你还是去寻找能够与你分享梦想的人吧。

北大的一位植物学教授打过一个比方："许多自然现象显示：'全体大于部分的总和。'不同的植物生长在一起，根部会相互缠绕，土质会因此改善，植物比单独生长更为茂盛。"

这些原理也同样适用于人，但也会有例外。只有当人人都敞开胸怀，以接纳的心态尊重差异时，才能众志成城。只有与人合作才能达到集思广益的最高境界。

❖ 先给结果，再谈回报

俗话说："不谋全局者，不足以谋一域。"如果一个人眼睛只盯着自己的一亩三分地，你这一亩三分地就肯定能管得好吗？"机遇总是垂青有准备的头脑"，提拔你的机会果真来了，你能有把握坐好这个位子吗？你具备胜任这一职位的能力吗？

在职场上，你想要得到一个更高的职位，如果没有做好相应能力的准备，即使真的给了你这样的职位和机会，你也会败下阵来。所以，想要晋升到更高的职位，必须懂得"欲谋其位，先谋其事"的道理。如果你想要取代你的领导，在私下里就要学习领导的办事风格，思考领导职责范围内的一些事情。一旦你做好了这些准备，领导也会给你机会的。

孙思娇是一家国有企业的办公室文员。她每天要拆阅、分类大量的公司信件，工作内容单调，工资也不高，很多女孩子都待不了多久就跳槽走了，但是孙思娇却坚持了下来，而且工作更加努力。每天她总是第一个来到办公室，除了做好本职工作外，还把那些并非自己职责范围内的事——诸如替办公室主任整理材料等也做得无可挑剔。终于有一天，办公室秘书因故辞职了，在挑选合适的继任者时，办公室主任很自然地想到了孙思娇，相信她完全可以胜任这份工作，因为她在没有得到这个职位之前就一直在做这份工作了。

做了办公室秘书的孙思娇依然努力工作，每当办公室主任需要加班赶材料时，她总是悄无声息地留下来帮领导的忙。后来主任升为总公司行政总监的时候，她又理所当然地得到了办公室主任的职位。

俗话说："一分耕耘，一分收获。"要想脱颖而出，不仅要做好自己分内的工作，而且还要多干一点儿，为将来升级后的工作提前准备。一个下属能够做到这一点，往往能给领导留下深刻的印象，从而获得更多晋升的机会。

具体而言，平时应多留心观察领导是怎样处理日常工作的，要善于站在领导的立场上考虑问题。虽然"预谋其政"并不一定能起立竿见影的效果，甚至不能够在领导面前流露出来，但是经常"预谋其政"，观察和思考领导处理的一些事情，就能够在无形中锻炼自己的领导能力。具备了领导能力后，一旦有了表现的机会，就可以一鸣惊人，让人刮目相看。

"预谋其政"不等于越权替领导做主，而是站在一个辅助角色的位置上，为领导出主意、想办法、排忧解难，这样一来，无形中你也会对自己的工作态度、工作方式以及工作成果树立一个更高的要求与标准，今后一旦有加薪晋职的机会，领导自然会想到你。

选择人才、提拔干部就是为了让企业赢利。赢利是目的，手段是为目的服务的，"手段"离开目的就失去方向，所以手段必须与目的保持一致。日本著名的数学家土光敏夫有句名言："撑竿跳的横竿总是要不断往上升的，不能跳跃它的人，就应尽快离开竞技场。"

工作中，有些员工为了在领导面前表现，往往信口开河。如果领导问他工作完成得如何，他总是说："放心吧，很快就做完了。"这种做法实际上是不可取的。聪明的员工会很客观地回答："还有一些困难，但是请放心，我有信心做好。"即使在完成之后，如果不是很完美，也不应急于给领导看，要尽力做到最好，然后才展示给领导。

职场中，做完了该做的事再争取升职是一种职场美德，可以给你带来宝贵的名誉，可以为你赢来别人的尊重，是你快速升职的重要砝码。

美国IBM计算机公司之所以发展迅速，正是因为公司服务人员在产品售后服务中高度的责任心和持之以恒的辛勤工作以及他们信守诺言的美德。

一天，菲尼克斯城的一个用户急需重建多功能数据库的计算机配件。IBM公司得知后，立即派一位女职员送去。不料途中女职员遭遇倾盆大雨，河水猛涨，封闭了沿途的14座桥，交通阻塞，汽车已无法行驶。按常理，遇到这种情况，女职员完全有充分的理由返回公司，但她没有被饥饿和途中的艰险所阻挡，仍勇往直前，并巧妙地利用原来存放在汽车里的一双旱冰鞋，滑向目的地。平时只需要20分钟的路程，今天却变成了4个小时的跋涉。女职员到达用户目的地后，又不顾旅途的疲劳，及时帮助用户解除了困难。

做完这件事情的第二天，女职员汇报了这一切，很快，她得到了晋升。

在现实中，有些员工为了在领导面前讨巧经常不考虑自身能力，对领导的任何问题都以"没问题！""您放心！""包在我身上。"回应。能办成了还好，如果不能办成，往往会给领导留下不好的印象，领导还怎么可能放心把重任交给这样的员工呢？所以，一定要只承担那些有把握完成的工作。

在升职的道路上，不仅要"先谋其事"，还要学会用事实说话，先给领导他想要的"结果"，才能争取到自己想要的"结果"。

测 试：你的交友能力有多强?

交友是打造良好人际关系的第一步，有的人与朋友相处极佳，有的人交友方式不当。想知道自己的交友能力吗？做做这个测试吧！

1.清晨睁开眼睛，你的感觉通常是：

A.充满向往。→5分

B.想到接下来的一整天就心烦意乱。→1分

C.挺心满意足的。→3分

2.听说某些人（未必你认识）活得艰难坎坷，你感觉：

A.活该。→1分

B.这人没好运。→3分

C.值得同情。→5分

3.有人讲："完美的生活就是幸福的生活。"你意下如何?

A.完全赞成。→5分

B.部分同意。→3分

C.不同意。→1分

4.你对自己的未来是何态度?

A.十分憧憬。→5分

B.相当忧虑。→1分

C.没考虑过这个问题。→3分

5.对你目前的生活，你觉得：

A.非常丰富充实。→5分

B.充满坎坷。→3分

C.安稳但缺乏刺激。→4分

D.有点儿乏味。→2分

E.沉闷之极，令人沮丧。→1分

6.朋友们打算出去吃晚饭，最后一刻才打电话给你，因为有个人不能来了，你会：

A.丢开一切，马上前往。→5分

B.要求考虑考虑。→3分

C.断然推掉：先前怎么没想到我。→1分

7.和朋友们在一起，你爱扯别人的闲事吗？

A.是的，这使我兴趣盎然。→2分

B.如果内容无害，讲讲又何妨。→3分

C.我从不喜欢对别人说三道四。→5分

8.你觉得自己在异性的眼中是怎样一种形象？

A.你在他们眼里很有魅力。→5分

B.你使人觉得有趣，但不迷人。→4

C.他们讨厌你。→2分

D.他们觉得你对异性不感兴趣。→1分

9.你觉得自己的少年时代：

A.暗淡无光。→1分

B.忙碌、充满生机和乐趣。→5分

C.平淡如水。→3分

10.朋友向你寻求帮助，你总是：

A.真心帮助他们。→5分

B.并不全力以赴，只是给一些指导和劝告。→3分

C.同情地倾听，但不伸出援助之手。→2分

D.希望他们另找他人。→1分

11.在你衣冠不整的时候，朋友忽然不速而至，你：

A.依然热情接待。→5分

B.希望他们对此不要介意，态度友好。→4分

C.尽快送客出门。→2分

D.对门铃置之不理。→1分

12.你的朋友经常来探望你吗？

A.是的，常常不请自来。→5分

B.如被邀请，有时会来。→3分

C.即使邀请也很少会来。→1分

13.回首童年时光，那时你有：

A.一个特别的朋友。→3分

B.一大帮朋友。→5分

C.一个幻想中的朋友。→1分

14.假日里你喜欢和谁出去？

A.和最知心的人。→3分

B.一人出去结识新朋友。→5分

C.只我一人独行。→4分

15.你认为自己是：

A.十分健谈的人。→5分

B.很好的倾听者。→3分

C.一个不善言谈又不爱听人讲的人。→1分

16.当朋友陷入困境，他们会来找你吗？

A.经常如此。→3分

B.从来也不。→5分

C.有时会。→1分

17.你和朋友一起外出的机会多吗？

A.一周内就有几个晚上。→5分

B.一个月中有两三回。→3分

C.极少。→1分

18.你喜欢下列那些活动？

A.跳舞。→3分

B.谈话。→4分

C.散步。→2分

D.聚会。→5分

E.读书。→1分

【结果分析】

73分以上：与朋友处得极佳。

你乐观开朗，热心助人，宽容随和，并且懂得尊重别人，而且你的交友原则是互利互助、彼此独立，这使得朋友们感到与你在一起既愉快又轻松，你会受到大家衷心的欢迎。

55~72分：与朋友处得较好。

也许你不是那么外向，所以朋友与你相识初期，难以很快达到融洽的地步。不过，随着时间的推移，你的品质和为人会赢得大家的信任。你不妨做一些人为的推进工作，更多地敞开自己。

37~54分：交友容易不当。

你也许是个温和、善良的人，可是你缺乏足够的独立自持，遇事难得有主见，也不能给处在困难中的朋友以有效的建议和帮助，因此难以使人产生可以信赖的感觉。请试着多肯定自己的想法，同时多些表达自己的意见，以免过度地依赖朋友或在朋友身上投注过多的感情需求，让朋友对你的看法趋于负面。

36分以下：有一定交友障碍。

你主观上拒绝与他人沟通交流，认为自己一个人就能构成一个完整的世界，很多时候，与人交往不仅无法使你愉快，反而会成为一种令你厌烦的负担。这样的心理状态，当然很难有什么朋友。你并非真的不需要朋友，只是你的一度误交损友或过分清高，让你存在"哪里需要交朋友"的错觉而已。人生有几个知己，与你共享生活中的乐事，比任何事情都好。

第 九 章

◈

有趣有料：人生很多种看你闹哪样？

❖ 悦己，是快乐旅程的开始

不必处处要求别人的认可与肯定，如果认可与肯定来临，坦然接受它；如果没有来临，也不必过多去在意它。你的满足应该来自你所做的事情本身，你的快乐应该是为你自己，而不是为别人。

人生苦短，每个人都希望能够快乐地度过。拥有快乐的心情就能够发现生活中的美好，也只有理解了快乐的真谛，才能够拥抱真正幸福的人生。

非洲有一个叫作撒拉的小镇的墓地中，有两块很特殊的墓碑。其中一块墓碑上有这样一段话："其实，人生在世，真的不在乎你到底干了些什么，也不在乎你有多么成功，如果你为了一种目的而折磨自己，只会把自己弄得很不幸福。你需要想的是，你活着到底要的是什么？"而另一块墓碑上则写着："笑口常开，知足常乐，让我活得很开心。我没有什么，只有两亩沙地，一片不成材的小树林。我这一生，除了饼和粥，几乎没吃过什么。但我每天都在笑声中度过。记住，只要快乐，你就什么都不缺！"

把这两块墓碑连在一起看，你就会懂得，人生真正的意义在于活得快乐，其他什么都不重要。

一个人，只有懂得如何让自己快乐，才能真正为自己点亮快乐人生的火把。做你自己想做的事，不管结果如何；走你自己想走的路，不管去向何方，都会有快乐相伴。在意的东西越少，人越容易获得快乐。

曾经有一位诗人，非常热爱诗歌，也很有才华。他写了不少的诗，可是，大家所熟知的他的诗也只有那么一两首，他还有很多诗都没有机会发表出来，也无人欣赏。为此，诗人感到非常苦恼。

一天，诗人和一位知己倾诉心中的苦闷，感叹命运弄人，为什么他这么努力还是不能够获得成功。他的知己笑了笑，指着窗台上的一盆花问诗人："你知道这是什么花吗？"诗人看了一眼，有气无力地说："当然知道，夜来香嘛。它跟我的成功有什么关系呢？"

知己说："这夜来香只在夜晚开放，所以才得此名。可是，你知道夜来香为什么不在白天开花，而在夜晚开花吗？"

诗人看了看知己，摇摇头说："不知道。"

知己笑着说："白天开花的花往往是为了引人注意，取悦他人，以此来展示自己的价值。但是阳光的照射却使它们很容易枯萎。夜来香选择在夜晚开花，不为吸引他人注意，只为取悦自己。哪怕没人欣赏，它依然绽放自己，芳香自己，只是为了让自己快乐。"

知己接着说道："很多人都像那些在白天开放的花朵，把自己快乐的钥匙放在别人手中，自己所做的一切都是在做给别人看，只是为了得到别人的赞赏，却从来都不问问自己是否喜欢做这件事，心中是否快乐。其实，我们都应该学学夜来香，不要在意别人的眼光和评价，也不要为了取悦别人而活，而应该学会取悦自己，做让自己快乐的事。"

为了取悦别人，总是勉强自己去做违背自己原则的事情的人，肯定是不快乐的。人们每天都在受他人的影响，时时刻刻都有人在提醒你："什么是对的，什么是错的；什么是真的，什么是假的；什么是快乐的，什么是悲伤的；什么是应该做的，什么是不应该做的……"就这样，人开始忘记自己的喜好，忘记自己真正的需要，而且越来越在意他人的言语和态度，越来越希望得到他人的肯定和赞赏。于是，无论你做什么都是为了取悦他人，似乎只有这样才能得到快乐。

真正快乐的人应该去做令自己快乐的事情，而不是去做令别人快乐的事情。一个人如果有勇气取悦自己，他的精神就是旺盛的，哪怕是在寒冷的冬季，他的心中依然热情如火，这种心态足以冲破所有的悲伤和痛苦，绽放出快乐之花。一个人如果有能力取悦自己，就会让自己活得洒脱、自由，而快乐的人通常都有磁铁一般的魔力，能够把周围的人都吸引到自己身边来。

可惜的是，有很多人从来不知道自己真正需要的是什么，对于他们来说，取悦自己是一件非常困难的事情。他们已经习惯为别人忙碌，漠视甚至压抑自己的需要，久而久之就变得焦虑、烦躁、不安、悲伤、无奈。他们在这些负面情绪中渐渐失去了自我，迷失了方向，成功也随之离他们越来越远。

如果一个人能够使自己投入到自己喜欢的事情中，必然能最快抵达目标。何必和自己过不去呢？对于一个人来说，快乐地活着，就是人生中最大的成功。人只有学会最大限度地取悦自己、善待自己、珍爱自己，才能够活得快乐、开心，才能踏上成功之旅。

❖ 学会知足与惜福，快乐由心而生

人不快乐往往不是因为拥有的东西太少，而是想要的东西太多。贪心好比一个套结，把人的心越套越紧，结果把理智闭塞了。知足是一种境界，有了知足之心，生活才会有快乐相伴！

知足是快乐的重要条件。加拿大心理学家多易居说，人类不快乐的最大原因是欲望得不到满足，期望得不到实现。人只有学会知足与惜福，才能更加珍惜身边的人和物，发现生活中的各种美好，才能领悟生命的意义与激情，收获更多的幸福与快乐。

人生最大的遗憾莫过于看不见自己生命中的美好与快乐，让多少幸福悄然逝去。学会珍惜拥有的点滴幸福，你将发现它们会一直增加。世上没有十全十美的事物，如果把目光放在不快乐的一面，受伤的永远是自己。停止抱怨，把目光固定在美好的事物上，你就会被美好的事物所包围。

老子曾经说过："祸莫大于不知足，咎莫大于欲得。故知足之足，常足矣。"意思是说，天下最大的祸患莫过于不知足，最大的罪过莫过于贪得无厌。所以，知道满足的富足之人，才能获得永远的富足与快乐。

学会知足与惜福，人的内心将变得更有力量，这种力量使人产生对生活、对美好事物的信念，使快乐在心中生根发芽，在脸上开花结果。知足，使人在失败时，看到自己的差距，在成功时懂得感恩，在不幸时得到慰藉，在幸运时保持冷静。

美国著名作家梭罗在其代表作《瓦尔登湖》中揭示了快乐人生的真谛："人如果被纷繁复杂的生活所迷惑，不懂得知足、惜福，便会失去生活的方向和意义，内心便会充满焦虑。"如果一个人能满足于基本的生活所需，便可以更从容、更充实地享受人生，享受内心的轻松和愉悦。

梭罗不仅在作品中这样表达，在生活中也是这样做的。他每天早晨起床后做的第一件事就是对自己说："我能活在世间，是多么幸运的事！"他用这种方式来提醒自己要对生命充满感激，对生活学会知足，对幸福懂得珍惜。这种生活态度使梭罗有更多的时间做自己喜欢的事情，让自己过得快乐，同时，也帮助自己踏上了成功的旅程。

人只有学会知足、惜福，才不至于好高骛远，迷失人生的方向，弄得心力交瘁而体会不到人生的快乐。因为不懂得知足，世间大多数人都是"身在福中不知福"。其实，人生快乐与否完全取决于每个人内心的感觉，和物质的多少、财富的多少、地位的高低完全没有关系。有的人衣食无忧，却一辈子都不快乐，最后抑郁而终，因为他们不知足，看不到自己手中所拥有的，只想追求自己所没有的。有的人生活清贫，却每天都过得幸福快乐，因为他们懂得珍惜眼下的幸福。

从前，有一个大地主，他拥有无数的土地和财富，但他还不满足，每天都在不断地向上帝祈求更多的土地。终于有一天，上帝来到了他的面前，对他说："既然你那么想要土地，就尽管向前跑吧！只要在日落之前你能够再回到我的面前，那么你的足迹所踏过的土地就全部都是你的。"

地主欣喜万分，撒腿就跑，简直像一头发了疯的野兽。他跑啊，跑啊，每次他想往回跑的时候，都希望把圈跑得更大一些，那样他得到的土地也就更多一些。就这样，他一直往前跑，眼看太阳就要落山了，他只好掉转方向往回跑。就在太阳即将落下的那一刻，他终于回到了上帝的面前。可惜的是，他累死了，所有的土地都不再和他有任何关系。

这个地主本可以过着无忧无虑的生活，却因为不知足而给自己增添了许多烦恼，最后又被贪心累死，真是可悲可叹！《圣经》上说："人若赚得全世界，结果赔上了自己的生命，有什么益处呢？人还能拿什么换取生命呢？"人生在世，不要过于贪心。人来到这个世上时，本来就是一无所有。因为生命的存在，人们才能享受到世间的一切美好。除了生命，财富、名利、物质都是身外之物，不必太在意。

如果你总是盯着那些无足轻重的身外之物，会感到不满足，内心会充满焦虑和痛苦，目光会变得狭隘，成功也会随之远去。在这个物欲横流、充满诱惑的社会，不盲目地羡慕别人，不过度追求不属于自己的东西，而是去做自己喜欢做的事，过自己喜欢过的生活，就是最大的快乐。

人生无常，只有懂得知足、惜福，才能笑对得失福祸，才能冷静客观地面对现实，正确认识自己，看清机会。否则，就很容易在得失之间徘徊不前，最后不但错过了人生的太阳，也错过了人生的月亮，空留一腔遗憾。

以一种知足、惜福的心态看周围的世界和自己的人生，就会看到美好无处不在，就会觉得自己的生活充满幸福，内心充满喜悦的力量。

❖ 最优秀的就是你自己

先相信自己，然后别人才会相信你。你应该相信自己是优秀的，如果你始终这么认为，并朝着这个方向不断前进，总有一天，你会发现你的生命之花怒放得让人惊讶。

机会为每个人存在。一个人的心有多大，舞台就有多大。世界上没有谁可以限制你走向成功，除了你自己。只要打开心扉，相信自己是最优秀的，就已经成功了一半。

有人曾这样说过："信心是生命和力量，是创立事业之本，是奇迹之源。只要有足够的信心，你就一定能赢得成功！"在这个世界上，并不是因为某些事难以做到，人才没有自信，而是因为你缺乏自信，某些事才显得难以做到。

一个缺乏自信的人，就如同一根受潮的火柴，无论能力多么强，都很难擦出成功的火花。古往今来，许多失败者之所以失败，并不是缺少智慧，也不是缺少能力，而是缺少自信。当机会来临，不敢相信自己可以做到，最终任由它流入别人的手中。其实，只要敢想敢做，敢于承担责任，一切都有可能，最优秀的就是你自己！缺乏自信的人总是把事情想得比实际要艰难，并且不断地给自己压力："这件事我做不到。"结果错失良机。

希腊著名哲学家苏格拉底临终前要求他的得力助手，在半年内给他找

一位最优秀的人来继承他的思想。

助手很快应承下来。然后，助手就开始了大海捞针一般的寻找。他不辞辛苦地走过很多地方，找到很多有智慧、有勇气的人。可是，他们最后都被苏格拉底否决了。直到苏格拉底病入膏肓，他最得力的助手依然没有找到那个"最优秀的人"。

苏格拉底看着助手眼底的愧疚，想最后一次点化他，就硬撑着坐起来，拉着他的手说："辛苦你了！不过，你找来的那些人在我看来还不如你优秀。"他的助手听后更加愧疚地说："我一定更加努力地去寻找。即使走遍全世界，我也要把那位最优秀的人找到。"苏格拉底听后，失望地摇摇头，不再说话。

苏格拉底的病情一天比一天加重，而那个最优秀的人还是没有找到。他的助手又伤心又羞愧："我真对不起您！直到现在也没有找到那个最优秀的人，令您失望了。"

苏格拉底撑着最后一口气说："失望的是我，对不起的却是你自己啊！"他喘了喘气，接着说道，"最优秀的人其实就是你自己。可是你不敢相信自己，最终把自己耽误了……"说完，他就永远地闭上了眼睛。而他的助手默默地流下了悔恨、伤心的泪水。

助手因为不敢相信自己就是那个最优秀的人，白白失去了一个获取成功的最好机会。现实中有很多人像那个助手一样，只看到别人身上的优点，却看不到自己身上的优点，在机会面前否定自我，不敢进取，自甘沉沦，最后和成功失之交臂。

很多人可能都曾有过这样的想法："这辈子，我是不可能有获得世上最美好的事物的机会了。"他们以为，那些美好事物都只是为那些最优秀的人准备的。这种自卑心理阻碍了他们去获取得成功，成为最优秀的人。

世上无难事，只怕有心人。无论是什么事，只要肯干，就一定可以干好。或许你面对的是一件你从来没做过的事，你不知道自己是不是能够做成。这时你就需要有敢于尝试的勇气，没有试过，你怎么知道你不能成功？

自信是成就一番事业最重要、最可靠的资本，它可以帮助人们克服各种障碍、排除各种艰难，最终抵达胜利的终点。仔细观察那些成就了一番伟业的卓越者，你会发现，在成功之前，他们往往都具备极强的自信心，相信自己就是最优秀、最出色的。如此一来，他们在工作中就会不断开发自己的潜能，排除万难，奋力拼搏，直到最终取得胜利。

微软亚洲工程院院长张宏江曾说："从小我就相信我是最聪明的。即使在后来的日子里我常常不如别人，但我还是对自己说，我能比别人做得好。"自信是你对自己的肯定，是一种内在实力和实际能力的统一体现，是引导你自己走向优秀的灯塔。一个人的自信决定了他的能量、热情以及潜能挖掘的程度。而一个自信的人，会拥有强大的能量，使他不断地挑战自我，争取成功。

只要你相信自己是最优秀的，你就一定是最优秀的！强大的自信将会为你带来积极的心理暗示，赋予你强大的正能量，带你走出人生的困境，走向灿烂的未来。

❖ 只有在阴雨天，才能看到自己的足迹

世上没有不可逾越的障碍，关键在于自身有没有战胜困难的勇气和毅力。只要肯用心思考，办法总比问题多。只要下定决心，一切困难都能迎刃而解。

世上无难事，只怕有心人。"没有比脚更长的路，没有比人更高的

山"，明白了这一点，再大的困难在你面前都算不上困难，做到了这一点，困难也会为你感动，天地万物都会助你一臂之力。

在生活中，每个人都会遇到各种各样的困难，谁也不可能一帆风顺地走完一生。人，只要活着，就会遭遇挫折。遇到这些困难时，你该怎么做呢？好多人选择了逃避，因为他们怕困难把自己打倒，所以不肯去面对。但是想想看，即使逃避，困难就能化解吗？当然是不可能的，逃避只能等着失败来找自己，坚强地去面对，或许还可能挽回局面。

有很多人不明白，为什么有的人好像一辈子都没有遇到过苦难？其实，不是没有遇到过困难，而是他们总有一颗与困难抗衡的心，心越是坚强，困难也越容易对付，所以，他们总是能开开心心地过好每一天，在他们身上看不到烦恼的影子。那些有成就的人，他们一生中遇到的困难更多，这也锻炼了他们一颗坚强的心。所以，他们才能在激烈的社会竞争中争得一席之地，才能成就一番事业。

一个小和尚总觉得方丈对自己不公平，因为方丈一连让他做了3年谁也不想去做的行脚僧。

一天清晨，小和尚听着外面滴答滴答的雨声，心想：今天可以休息一下。谁知方丈照常敲开他的房门，严厉地问他："你今天不外出化缘？"

小和尚不敢说是因为外面下雨，便和方丈打起了禅机。他故意走到床前一大堆破破烂烂的鞋子前面，左挑一双不好，右挑一双也不好。

方丈一看就明白了，说："你是不是觉得我对你严厉了点？别人一年都穿不破一双鞋，你却穿烂了这么多的鞋子。而且今天还下着雨……"

小和尚点点头。

方丈说："那你今天就不用出去了，一会儿雨停了，随我到寺前的路上走走吧。"

雨停后，小和尚跟着方丈来到寺前。

寺前是一座黄土坡，由于刚下过雨，路面泥泞不堪。

方丈拍着小和尚的肩膀，说："你是愿意做一天和尚撞一天钟，还是想做一个能光大佛法的名僧？"

小和尚说："当然想做名僧。"

方丈捻须一笑，接着问："你昨天是否在这条路上走过？"

小和尚："当然。"

方丈："你能找到自己的脚印吗？"

小和尚不解："我每天走的路都是又干又硬，哪里能找到自己的脚印？"

方丈笑笑，说："今天你再在这条路上走一趟，看看能不能找到自己的脚印？"

小和尚说："当然能了。"

方丈笑了笑，不再说话，只是看着小和尚。小和尚若有所思，随后明白了方丈的苦心。

泥泞的路上才有脚印，雨后的天空才有彩虹。痛苦是最好的老师，成长路上的每次磨难，不仅是对一个人最好的考验，也是一种潜在的馈赠。"刀靠石磨，人靠事磨"，唯有开水才能唤起茶叶的香，唯有磨砺才能将璞石打磨成宝玉。没有人能随随便便成功，现实就是这么残酷，成功不会因为你已经付出许多而青睐你，它只会迎接那些在泥泞的道路上走出来的人。

善静和尚27岁时弃官出家，投奔至乐普山元安禅师门下，元安令他管理寺院的菜园。

有一天，一个僧人认为自己已经修业成功，可以下山云游了，就到元安那里辞行。

元安决心考一考他，便笑着对他说："四面都是山，你往何处去？"

僧人猜不透其中的禅理，无言以对，只好愁眉苦脸地往回走。路上经过寺院的菜园子，被正在锄草的善静发现，善静就问他："师兄为何苦恼？"

僧人就把事情的来龙去脉告诉了善静。善静略一思忖，便想到元安禅师所说的"四面都是山"就是暗指"重重困难""层层障碍"，实际上是想考考这位师兄的信念和决心，可惜他参不透师父的心意。于是，善静笑着对僧人说："竹密岂妨流水过，山高怎阻野云飞。"暗示僧人只要有决心、有毅力，任何高山都无法阻挡。

僧人如获至宝，再次向元安辞行，并说："竹密岂妨流水过，山高怎阻野云飞。"他满以为师父这次肯定会夸奖他，准他下山，谁知元安听后先是一怔，继而眉头一皱严厉地说道："是谁帮助你的？"

僧人无奈，只好说是善静说的。

元安对那个僧人说："善静将来一定会有一番作为！你多学着点儿，他都没有提出下山，你还要下山吗？"

磨难是一个人成长的标志，只有经过历练的人才可以在纷杂的社会里站住脚。每个人一生之中都会遇到很多磨难，只有把磨难当作一种考验才可以让自己越来越坚强，从而活出自己的精彩。痛苦能让一颗脆弱的心变得坚强，能让一个弱不禁风的身体变得强壮。只有经历过痛苦和磨难的人生，才是真正的人生。

总有很多人想逃避磨难，他们以为没有磨难的人生才是一个快乐的人生，才能享受到生活的乐趣。其实不然，只有经过痛苦和磨难的人才知道什么是真正的快乐，没有苦怎么会尝到甜的滋味，没有烦恼怎么会体会到快乐的生活，没有压力怎么会明白什么是追求，什么是理想呢？现实给予了每个人享受快乐的机会，但是也同时给予了你承受痛苦的能力，如果你不去承受痛苦，自己就不会明白什么才是真正的生活。

山峰再高总有登上去的时候，河水再宽也有跨过去的时候，只要你有一颗坚强的、持之以恒的心，你的生活将没有困难可言。

❖ 不逞一时之勇，莫吃日后大亏

吃亏是福，难得糊涂，也是一种非常重要的处世哲学。看好时局，大丈夫应该能伸能屈。认清形势、权衡利弊、灵活应对才是更重要的方法。

如今的社会更是要求如此，社会变得越来越复杂，很多时候，即使你不惹到他人，"烦恼"也会主动找上门来；即使你谨慎处事、真诚待人，也难免不被人找茬、刁难；即使你已经非常尽力，但是，也可能会与人在发生冲突的时候挂彩、受伤。你仿佛总在吃亏，所以，很多人就会想要当场好好发泄一番。可是，想一想后果，你更应该选择"不逞一时之勇"。

其实，很多时候，你为了不吃亏，与对方大动干戈，并非真的无法忍受，通常都只因为面子的问题。敢于迎接挑战是一种壮举，但是，如果在不适宜的情况下，却是一种非常不明智的做法。俗话说："小不忍则乱大谋。"当你该忍耐的时候，必须要按捺住自己冲动的意气用事，否则"不吃眼前小亏，就要吃日后大亏"。

吃眼前之亏，既不是懦弱的表现，也不是无能的说明。很多情况下，它是一种睿智，是一种魄力，是一种超脱和境界。

在清末民初时期，北京城有个有名的绸缎店，突然一场大火把所有的东西烧掉了，其中包括来往的账目，店老板就贴出一张告示说："因本店的账目已烧毁，凡欠我的钱可以不还，我欠别人的只要有凭据照样兑现。"这样处理，绸缎店明显的是吃了大亏，然而，后来这个绸缎店却因这事而名声大震，许多人都慕名而来与他做生意，其中还包括一些外国人。很快，这个绸缎店又恢复了生机，生意比失火前还要兴隆。

老子说，"福兮祸所伏，祸兮福所倚"。就是说事物的发展能产生两个极端的转化，世上的任何事情都是有失有得。这个绸缎店失火后的举措如同做了一个活广告，在经济上暂时吃了亏，但却赢得了人们的信任，结果东山再起。

真正有智慧的人，不在乎"装傻充愣"的表面吃亏，而是看重实质性的"福利"。

男儿膝下有黄金，不可做有违尊严的事情。这种事情，常被人们看作是一个好汉所不能为、不该为的。如此说来，胯下之辱就更是不可接受、忍受。可是，大将军韩信却是坦然地面对并接受了这份屈辱。然而，他被称作跨下枭雄，更被称作硬邦邦的好汉。

汉时开国大将军韩信，统领三军、叱咤风云，帮刘邦建功业，统一天下。可是，他小时候过着非常不幸的生活。韩信很小就失去了父母，主要靠钓鱼换钱谋生，经常受一位靠漂洗丝绵为生的老太太施舍，经常遭到周围人的歧视和冷落。

一次，一群恶少当众羞辱韩信。一个屠夫对韩信说："虽然你长得又高又大，喜欢佩戴刀剑，其实你心中非常胆小。有本事的话，你敢用你的佩剑刺我吗？如果不敢，就从我的裤裆下钻过去。"韩信自知形单影只，硬拼只会吃亏，于是，他便当着在场人的面，从那个屠夫胯下钻了过去。

很多人嘲笑韩信是因为害怕才这样做的，但是，事实却并非如此。韩信忍受胯下之辱，只是权衡利弊后所做出更明智的选择。后来，他当了大将军，成就了人生大业的时候，还去看望了当年那个屠夫，不但没有杀了他，还让他做了自己的中尉。韩信后来说："我当时并不是怕他，而是没有道理去杀他，如果杀了他，就不可能有我的今天了。"正是韩信的聪明和睿智，才成就了他日后的大业。

人说一代名人都如此现实，你是不是也应该明智一点，遇到故意挑衅之人，忍辱吃一些小亏呢？

小亏，是较之日后的大亏而言的。现在看着可能无法接受，但是到以后，你遇到大亏的时候，你可能会后悔今日的"冲动"了。

"好汉"不是"逞能""面子"的代名词。一般而言，"好汉"都勇敢地面对任何事物，冷静地看待云卷云舒，气度非凡地看待自己的损失。面对眼前亏，他们审视自己的处境；面对眼前亏，他们权衡利弊。俗话说："将军额头可跑马，宰相肚里能撑船。"你也要拥有这样的魄力，善于吃眼前之不可不吃的亏。

❖ 有一颗豁达心，过了黑夜是黎明

豁达的人，是乐观的人。而所谓乐观，按照哲人的说法，就是乐观的人与悲观的人相比，仅仅是因为后者选择了悲观。

如果是主动舍弃，或许人们的烦恼不会有那么多，偏偏生活中有很多东西是被迫舍弃的。于是，很多人常常会因为失去一些曾经拥有的东西而无比心痛，或者因过去的某个过错而一直耿耿于怀，不肯轻易原谅自己。

但一味地追悔过去，只会令自己困在一个死胡同里，进而让事情变得更糟糕，让自己的内心永远得不到安宁。正如莎士比亚所说："一直悔恨已经逝去的不幸，只会招致更多的不幸。"

想要不为过去的种种烦恼，唯一的方法就是学会豁达。

豁达的人在遇到困境时，除了会本能地承认事实，摆脱自我纠缠之外，他还有一种趋乐避害的思维习惯。这种趋乐避害，不是为了功利，而是为了保持情绪与心境的明亮与稳定。这也恰似哲人所言："所谓幸福的人，是只记得自己一生中满足之处的人；而所谓不幸的人，是只记得与此相反的内容的人。"每个人的满足与不满足，并没有太多的区别差异，幸福与不幸福相差的程度，却会相当巨大。

仔细观察分析一个心胸豁达的人，你往往会发现，他的思维习惯中有一种自嘲的倾向。这种倾向，有时会显于外表，表现为以幽默的方式、用自嘲的方式摆脱困境。

自嘲是一种重要的思维方式。每个人都有许多无法避免的缺陷，这是一种必然。不够豁达的人，往往拒绝承认这种必然。为了满足这种心理，他们总是紧张地抵御着任何会使这些缺陷暴露出来的外来冲击。久而久之，心理便成为脆弱的了。

豁达也有程度的区别，有些人对容忍范围之内的事，会很豁达，但一旦超出某种极限，他就会突然改变，表现出完全相异的两种反应方式。

一个身经百战、出生入死、从未有畏惧之心的老将军，解甲归田后，以收藏古董为乐。一天，他在把玩最心爱的一件古瓶时，不小心差点脱手，吓出一身冷汗，他突然若有所悟："当年我出生入死，从无畏惧，现在怎么会吓出一身冷汗？"片刻后，他悟通了——因为我迷恋它，才会有忧患得失之心，破了这种迷恋，就没有东西能伤害我了，遂将古瓶掷碎于地。

最豁达的人，则具有一种游戏精神，将容忍限度扩大。既然他把一切视为一种游戏，尽管他同样会满怀热情，尽心尽力地去投入，但他真正欣赏的，只是做这件事的过程，而不是目的——游戏的乐趣在于过程之中。那么，他也就解脱了得失之心的困扰。

有一个人，他的性情并不很开朗奔放，但他对待事情几乎从不见有焦躁紧张的时候。这并不是他好运亨通。细细观察体会，朋友发觉他有一些与众不同的反应方式。比如，他被小偷扒走了钱包，发现后叹息一声，转身便会问起刚才丢失的身份证、工作证、月票的补办手续。

一次，他去参加电视台的知识大赛，闯过预赛、初赛，进入复赛，正扬扬得意，不料，却收到了复赛被淘汰的通知书。他发了几句牢骚。中午，却兴致勃勃又拜师学起桥牌来。

这些，反映出他的一种很本能的思维方式，那就是承认事实。事实一旦来临，不管它多么有悖于心愿，也已成事实。大部分人的心理会在此时产生波动抗拒，但豁达者，他的兴奋点会迅速地绕过这种无益的心理冲突区域，马上转到接下来该做什么的思路上去了。事后，也的确会发现，发生的不可再改变，不如做些弥补的事情后立刻转向，而不让这些事在情绪的波纹中扩大它的阴影。

这堪称是一种最大的心理力量。生活中人们常常为自己失去的东西难过，甚至明知已不可挽回，也不肯让自己去积极地排解。其实，在许多豁达者的眼中，任何一种失去都会诞生一种选择，任何一种选择都将有新的机会，失去了一些以为可以长久依靠的东西，自然会难过，但其中却隐藏着无限的机会。失去的时候，向前看，永远向前看——过了黑夜就是黎明。

如何做个豁达人呢？你要记住3个要点，并不断提醒自己。

（1）上一刻归咎于回不来的过去

时间是一件神奇的东西，它雕刻生命的年轮，推移事态的变迁，是最有效的疗伤良药，也是最无情的过客。世界上没有谁能够左右时间，过去的一切都会随时光定格在过去的某一时间刻度，无法超前，更无法错后。上一刻的悲伤或是快乐，对你来说，都只是生命中一个个小小的符号，无法更改它们。所以，与其回望过去，不如专注于现在。

（2）把过去的痛苦和光辉放进历史

过去的痛苦曾经让你身心疲惫，甚至令你深感屈辱。但是你应该懂得，过去的已经过去，未来的影像是由你现在的思想所决定，由你现在的行动所创造的。将过去的痛苦锁进生命的历史，踏上新的征程，打造未来，才能获得成功，感受快乐。走出曾经的光环，就算它再夺目，也是属于过去的。专心于你的现在和未来，你的人生之路会更加绚丽。

（3）并非人人都是爱我的

你没有必要去喜欢自己认识的每一个人，因此，你也没有权利要求所有人都喜欢你自己。别太在意别人的眼光，走自己的路，让别人说去吧！人要有一颗豁达之心，当得不到别人的认可时，也照样可以活出自己的风采，对自己的每一天负责，相信自己能够做得很好。

测试：你的心理弱点在哪儿？

在一个凶杀案现场，被谋害的是一位年轻女子，遇害时正好手中抓着一支断裂的口红。请用直觉推断她遇害的原因。

A.强盗闯入家中劫财劫色

B.男友报复她移情别恋

C.是暗恋她的人所为

D.情敌下的毒手

【测试分析】

A.你潜意识里最大的弱点是害怕患病。你最害怕的莫过于自己得了不治之症，受尽治疗的折磨，你害怕身上的痛苦和死亡的威胁。

B.你心里的弱点是害怕死亡。但不是你自己的死亡，而是你最亲密的人的死亡。因为你的感情依赖度非常高，尤其对父母、配偶、兄弟姐妹。当不幸发生后，你将无法承受。

C.你最感到恐惧的是自然界无法解释的现象。灾难、恶魔等会在你的梦境或意识模糊的时候出现。这是你非常不易克服的弱点。

D.你心里的弱点是害怕背叛。你无法面对情人变心或亲密的挚友出卖你。在他人恶意背叛你时，你会脆弱得失去所有的反击能力。不过这个弱点不易被察觉，非要到面临困境时才会显现。